财商

维小维 著

青岛出版社
QINGDAO PUBLISHING HOUSE

图书在版编目（ＣＩＰ）数据

财商 / 维小维著. —青岛：青岛出版社，2020.8
ISBN 978-7-5552-9296-8

Ⅰ．①财… Ⅱ．①维… Ⅲ．①财务管理－青少年读物
Ⅳ．①TS976.15-49

中国版本图书馆CIP数据核字 (2020) 第118859号

书　　名	财商	
著　　者	维小维	
出版发行	青岛出版社	
社　　址	青岛市海尔路182号（266061）	
本社网址	http://www.qdpub.com	
邮购电话	18613853563　　　0532-68068091	
选题策划	孙小淋　王肃超　李　格	
责任编辑	李文峰	
特约编辑	孙小淋　王肃超　李　格	
校　　对	耿道川	
装帧设计	蒋　晴	
照　　排	梁　霞	
印　　刷	三河市良远印务有限公司	
出版日期	2020年8月第1版　　2020年8月第1次印刷	
开　　本	32开（880mm×1230mm）	
印　　张	7.5	
字　　数	100千	
书　　号	ISBN 978-7-5552-9296-8	
定　　价	39.80元	

编校印装质量、盗版监督服务电话　4006532017　　0532-68068638

建议陈列类别：畅销·励志

目录

积累"小钱",才是理财的正确起点

目录

c o n t e n t s

聪明布局，"躺赚"收益

目录

财 商 养 成 第 一 步

积累"小钱"，
才是理财的正确起点

会谈钱,才可能更有钱

最近和一个做基金的朋友闲聊,他谈到这世界上有两种人是注定会贫穷并且很难实现财务自由的。

第一种人明明有赚钱的能力,却不愿意付出,只想着不劳而获。

第二种人明明有赚钱的能力,却不好意思谈钱,结果就是他虽然工作口碑很好,但就是不能带来效益。

不得不说,我很认可这个朋友的观点。

在这个年代,越是等价交换的关系反而越长久。谈钱其实是在谈一种合理有序的人际关系。没有了钱这个规则的保护，人与人之间就没有共赢的可能。

然而某权威机构的一项调研显示，居然有53.6%的人在薪酬上遭遇不公平对待时，不敢和老板进行协商。

其实，谈钱应该是一件光明正大的事情。

会谈钱，是一种能力。

我们为什么要谈钱？今天我给大家分享5点理由。

1. 不敢谈钱的人，永远是最贵的

我最近在招聘助理的时候，发现了一个很有趣的现象：每次在谈到工资的时候，对方就停住了。

过了很久很久，对方的微信头像才迟疑地闪烁一下："工资的话，你看着给就好。"

新手求职姿态低可以理解，但免费、便宜的东西就是好的吗？

我讲一个真实的故事。

我以前的公司曾经招聘过一批程序员实习生。这批实习生工资很低，老板就特别高兴，觉得终于找到了一批廉价劳动力。

要知道，一个工程师的薪酬每个月至少得1万元，三个实习

生基本上能做一个工程师的重复性工作。老板掐指一算,每个月至少能省下10万元,不出一年就能省出一台特斯拉……

但他还没来得及高兴两个月,麻烦就来了——公司做的那款还没推出市场的产品,研发进度突然慢了,一测试就出问题。

调查原因时主程序员说,根本原因是实习生写的那些代码拼凑太多、逻辑混乱,使得整个团队手忙脚乱地返工修改,没日没夜地重修和再建,这中间的惨痛代价再也别提了。将高薪的工作交给免费的人做,最终的结果就是投入更多的成本推倒重来。

从此以后,老板再也不敢招免费的实习生了。

通过这个故事,送你一条关于谈钱最重要的信条:免费的你,可能在别人眼里就是一文不值,因为不知道你的价值在哪里。

你不敢谈钱可能是一种谦逊,也可能是一种感情,但是也代表着你不够自信。反之,认真对自己的能力做一个估量,给一个专业的报价,哪怕低一点,也比"我先做,你随意"要好得多。

钱到最后甚至不仅仅是一种结算的工具,更是一种契约关系。

没有付费,就是一种亏欠。你可以随时跟我说"拜拜",

撂下那个收拾烂摊子的我风中凌乱，这不是更没意思吗？

2. 不仅要谈钱，更要谈清楚边界

甲方可以说是这个世界上被骂得最惨的"生物"了。这种"生物"之所以这么讨厌，无非因为他们最喜欢做的一件事就是改改改。

这感觉不对，要不你改改？

这次感觉对了，但颜色有点暗，要不你再改改？

这次颜色好了，但字体有点山寨，要不你再改改？

你都改了之后，我的感觉又不对了，要不你再改回去？

改了无数遍之后的你，这时候心里只想骂人。

面对这种破不掉的"死局"，我却被一名一张图只要求16元的设计师给上了一课。

我和她谈好，她帮我做20张图一共320元。到最后，我临时加了一张图需要修改。我一厢情愿地认为，那是特别简单的工作，直接就扔给人家了。

没想到，她二话不说就在微信上要求加16元。

我说："姑娘，这个活儿很简单啊。"

她理直气壮："简单归简单，加量就得加价，明码标价，哪怕只有16元钱，那也是我应得的。"

我被这个设计师镇住了,大脑里面只涌现出了两个字:专业。

以前我接工作,甲方说啥就是啥,按甲方要求改了108遍稿之后又回到第一稿,我一个屁也不敢放,更别说要求加钱。

在人强我弱的世界里,畏畏缩缩、不敢谈钱似乎成了一种常态。结果呢,我越改心越烦躁,心里把键盘都敲烂了的一句话是:"你给我多少钱啊?老是这么改来改去,你好意思吗?"表面上,却还是笑嘻嘻地说一句"好的"。

真讨厌这样表里不一的自己。

就这样,作品也做不好,甲方也不满意,钱我没赚多少,双方不欢而散。

如果一开始,大家就说明这个钱管辖的"边界",用白纸黑字记录下来:定稿之后不得改稿,改稿需要加价,每次改稿加价××元。那个自以为是的甲方,估计也会有所顾忌,毕竟出了岔子下次就要加钱了!

这才叫专业,才是走向财务自由的正确姿势。只有专业的商谈、专业的流程、专业的合作模式,才能催生专业的长期生意。

《请回答1988》里有一句话:"所谓界限,就是到那里为止的意思。"

老实说，我真想把这句话做成弹幕塞给甲方，让他们每天背诵一百遍。

3. 不仅要谈清楚边界，更要谈清楚规则

之前有一条新闻，广东湛江某个土豪大手一挥花了两个亿，建了258套别墅送给自己村的村民，结果把村子炸成了一锅粥。为什么？

这个土豪是一个北大的才子，年轻的时候离家求学，连买火车票的钱都拿不出，后来是村民们帮他凑足了北上的路费。

他终于发财了，心怀感恩，本来希望用钱让大家安居乐业，结果却因为挑战了自私、贪婪、投机的人性，反而把一件好事变成了名利双失的惨剧。

其实，这里面并不是村民的问题，也不是土豪的问题，最大的问题是没有用明确的规则来划分大家的利益。

什么人可以分到房子？拆了人家的房子再建的又如何区别对待？一户人家可以得到多少房子？如何定义"一户人家"？这些都是规则，规则不定好就轻易用钱去挑战人性，那等于让人性将它的丑陋全部暴露给你看。

4. "谈钱"这件事的本质，就是在谈规则

任何一个人，骨子里都希望少付出，多得到。两方都这么

想，钱这个东西就成了虚设。

到底达到一个怎样的标准，钱才能够交付，这是规则里面的核心。

5. 不仅要谈清楚规则，更要谈规则改动的前提

我之前工作的公司有一个惯例：每次项目差不多赚钱了，公司员工差不多要拿到奖金了，老板就要改奖金规则。而且最要命的是，每次修改规则都会让员工所得减少。

本来员工做到一亿流水就可以拿100万元奖金的，一改，就变成了50万元封顶。老板，你是在耍员工吗？

从此，大家都不再指望通过一个爆款拿到一笔超额的奖金，毕竟奖金一多，老板又要改规则了。

所以，规则这件事本身还包括了"修改规则的前提"。把规则谈好了，又随意践踏规则，对不同的人采用不同的标准，那叫"你才是规则"。

美国最高法院的大法官霍尔姆斯说："规则存在的意义不在于告诉社会成员如何生活，而在于告诉他们在规则遭到破坏时，他们可以预期到结果。"

我记得《失恋33天》里面有一句台词很真实："我不稀罕你说你对我很亏欠，我要的就是这样对等的关系。"一段感情

里，在起点时我们彼此相爱，到结尾时互为仇敌，你不仁我不义。我要你知道我们始终势均力敌。

任何人与人之间的势均力敌，说到底就是一场动态的亏欠和补偿。只不过，有的人用钱来补偿，有的人用感情来补偿，有的人用资源来补偿。

所以，会谈钱的人会更有钱，不谈钱的人永远在世界的边缘。时代不会抛弃努力的你，但是一定会抛弃那个努力之后不谈回报的你。

令人唏嘘的穷人思维

我家附近有个小区开盘，售楼处人山人海，热闹非凡。

我去凑热闹的时候顺便跟门口的保安聊了起来，他是个80后，特别壮实，笑起来会露出一排像"黑人"牙膏广告里一样的牙齿。

我问他："这楼盘你买了吗？"

他骄傲地提高了八度声线："买了，700万元全款买的，公司给折扣。我家不背债的，我爸说不喜欢欠着银行的。"

我来了兴趣："公司给你多少折扣啊？"

"喀，全款折扣不都是9.5折吗？"他还是带着一脸的自豪。

我愕然，那不等于没有折扣吗："那折扣也没多少嘛，你怎么有那么多存款呀？"

"前几年村里的房子拆迁了，有一笔补偿款，还有平时工资咱都不乱花，都存在银行！现在买了房子，钱正好够用。还好每个月不用还房贷，老爸上个月进了趟医院，我还是问兄弟借的钱，要是还得还房贷那真的是要了我的命了！"提起自己现在又恢复到以前的状态，他似乎有点丧气。

"你爸爸做什么的？"

他嘴一咧，一排白白的牙齿闪闪发亮："他也是保安。"

1. 三个让人唏嘘的穷人思维

其实这个保安大哥并没有什么错，但通过我和他的对话，我突然比较理解为什么他家的人上一代是一名保安，到这一代依然从事着同样的职业——他们是生活在社会的底层，兢兢业业，却无法实现财务自由的一群人。

从我和保安的对话中我们可以看出，负债对他来说是一种令人嗤之以鼻的负担。而且从上一辈开始，也就是从这个大哥呱呱坠地开始，他就一直在被灌输这种思维。

他身上有三个特别明显的穷人思维：

（1）不借债，还以此为荣。

（2）不投资，还认为这算"不乱花钱"。

（3）没有任何保险防护，一生病就得借钱。

我猜想他这辈子最大的投资，就是买这一套房子。

买房未尝不可，这也是个投资的方向，但是结果就是他自己一点现金流都没有，回到只有劳动性收入的"做一天和尚吃一天斋"的状态。

其实如果我是他，聪明一点的做法是按揭贷款。然后我会拿出不用立刻支付的那些房款去做一些适当的投资，比如多买一套租出去，只要拿到比银行贷款利率高的回报就好。

这样做，他就至少有租金收入或者利息收入，不用连父亲看病也要借钱，每天都活在随时要清空口袋的恐慌里。

更加聪明的做法是从拿到工资那一天开始就做投资，堆积起这么多年的复利，估计也能存个几十万。那他这个房子就买得更加轻松了。

最后，我想如果他看到这篇文章一定会驳斥我：全款支付才有那个9.5折的优惠！

实际上，那个5%的优惠是一次性的，覆盖了未来许多年，而每年5%的投资收益是买个银行理财就能分分钟搞定的，注意，是"每年5%"！

不得不说，开发商的伎俩就是容易让人掉坑里面，但这也不能怪人家开发商。就像电影 *DirtyMoney*（不义之财）里，借贷公司的老板绞尽脑汁利用复杂条款使借款人不知不觉承担的利率高达325％时，他却很坦然地说出了一句话："我是个商人。"

别人是在商言商，就看你上不上当。

絮絮叨叨讲了那么多，并不是想批评那位保安大哥，而是我突然发现了一个事实：一个人驾驭金钱能力的高低，最终决定了他财务自由的程度。

2. 让穷人变穷的，是驾驭金钱的格局

我最近看了一则让人痛心疾首的新闻。

2001年中了500万元彩票的孙某，中奖后给自己和兄弟姐妹们各置办了一套房产，税后400万元的奖金转眼便花费大半。

身边所有人都把孙某当"财神爷"看，纷纷向他借钱，"爽快"的他有求必应，甚至连借条都不要。

后来，钱花得差不多了，他就投资了一个休闲山庄。可是山庄盖好后，他发现通往山庄的公路一直修不好，游人根本无法抵达山庄。

2003年赶上"非典"爆发，孙某损失惨重。他投入100多万元的山庄只赔不赚，最后只好又回到买彩票这件事上。

这让我想起郭沫若说过的一句话:"金钱的魔力真的不小,它吃遍了全世界的穷人。"

其实,钱本身不吃穷人,吃穷人的是驾驭金钱的格局。这世界上,千百家公司都是从一个几平方米的小房间里起步的,但其中只有一家公司叫"阿里巴巴";无数大学生都当过英语辅导老师,但里面只有一个人叫俞敏洪。

他们的区别在哪儿?这些大佬身上根深蒂固的特质都跟钱相关——以融资撬动收益,极度前瞻的思维,永不停歇的思考和付出。

3. 像富人那样思考,你要做到这三点

全款买房是穷人思维,中奖后花光奖金是穷人特质。那么,富人的思维特质又是怎样的呢?我总结下来就这三点。

(1)花出去每一分钱时,都有独立思考的过程。

有一次,苹果公司最小的股东——8岁的达芙妮在股东大会上把巴菲特问倒了!

这个小女孩的问题针针见血,她说自己成为巴菲特公司的股东两年了,为什么伯克希尔(世界著名的多元化投资集团,创始人为巴菲特)现在很多投资偏离了早期轻资产的理念?这让在场的董事会成员哑口无言,并且庆幸她还没满9岁。

不得不说,我们从这个女孩身上看到,培养财商这件事的

本质就是独立思考。

富人永远不做跟风的事。比如说人家全款买房你就全款买房，人家为了9.5折通宵排队你也通宵排队。

（2）做选择之前，考虑概率。

罗振宇曾经在跨年演讲里面提过一个财商概率游戏：如果有两个按钮，一个是按一下能100％获得100万人民币，另一个是按一下有50％的概率能获得1亿人民币，你会按哪个？

一般人都选前者，但是用概率思维的人会这么做：以100万的价钱卖出这个机会，如果对方成功获得1亿，再从中分成50％。前提是，要卖给能够承担得起那50％失败风险的人。

"全世界的风险投资家都是这么思考的。"罗振宇老师最后这句话发人深省。

（3）钱不稀缺，目标才稀缺。

像前面提到的那个保安大哥那样，有多少钱就买多大的房子，这就是典型的穷人思考方式。

富人如果要买房，只思考这房子会不会增值，好不好出租。如果答案是肯定的，哪怕手头的钱不够，他也会全力以赴去筹措资源。

没有借不到的钱，只有不值得买的房，这就是富人的目标论。优质的、有价值的东西才是稀缺的，钱只是个辅助工具。

这年头,说什么穷富啊、阶级啊之类的话,总会让人觉得不舒服。毕竟我们中的大多数都是没什么钱,却偏偏有那么点小野心的人——看到别人有钱就焦虑,看到房价飙升就害怕。

但我们可以笃信这句话:"为什么世界上80%的人是穷人,20%的人是富人?因为这20%的人做了别人看不懂的事,坚持了80%的人不会坚持的正确选择。"

一个读者最近说,虽然自己老家有三套房,但他觉得自己依然是个穷人。

我惊讶地问他:"为什么这么说?"

他说:"我名下有三套房子,总共价值400万元,但和拿着价值400万元的债券没什么差别。因为房子是在老家买的,我在北京工作,依然要挤地铁、租房子、顶着随时被房东加租和赶跑的压力去过每一天。"

但真的是这样吗?很明显,房子和400万元债券的差别就在于:它是刚需。

然而问题来了,刚需到底是什么?

我记得小时候洗面奶这玩意儿还不太普遍,我坚持用清水洗了18年的脸,也没觉得有什么。然而现在,如果某次出差我忘记带洗面奶,感觉就是天要塌下来了。我会不惜打车从开发区跑到市区,就是为了能买到一个心仪牌子的洗面奶。我似乎早就忘了"不用洗面奶也可以洗脸"这回事。

刚需在这里，是习惯。

习惯了在北上广深打拼的人，便再也受不了老家的悠闲；习惯了市区的热闹和便利，就再也没兴趣在郊区与市区之间奔波一小时上班。所以，买五六万一平方米、一线城市中心地段的房子，真的不是矫情，不是铺张，只不过是习惯。

刚需在这里，是一种生活方式的传承。

再举个例子吧。我认识一个企业老板，以前是一个大公司最底层的员工，对领导唯唯诺诺，对企业老板点头哈腰，对生活毫无反击之力。他说，当时心里最渴望的，就是拥有一块手表，因为办公室里人人都有，唯独他没有。

后来他自己跳出来单干，偏偏干上了最赚钱的行当，加上他非常努力，干了半年，赚了100万元。

分红到手的第一天，他跑去全市最好的钟表柜前面，一口气买了两块10万元的手表，左手戴一块，右手戴一块。在那一刻，他苦苦压抑过的念想就像火山迸发一样喷涌而出。

刚需在这里，是欲望。

有的人明明买一套普通房子就能让孩子就近读小学，偏偏要挤破头买重点小学的学区房;明明三室一厅都已经足够三代同堂,但是就是喜欢自己一套,老人一套分开住。

刚需在这里是"念念不忘,必有回响"的生存线索。

就因为这条线索,多少人憋着一股劲儿,跟生活的恶意苦苦对抗。

这样看来,刚需是个伪命题。因为这世界上根本就没有被定义了的刚需。

你想留在城里得到户口,是刚需;你要跟婆婆分开住,是刚需;你想孩子上个好学校,是刚需;哪怕很个性化的,你只是单纯希望不要落后于办公室那帮买了房还老是晒朋友圈的同事,也是刚需。

4. 我们似乎都误会了买房这件事

然而,更为潜藏的刚需是,中国人真的不知道往哪儿投钱。只有房子是实实在在的,见得到、摸得着、用得上,比债券更让人省心。

回到房子的本义,其实它是个居所。然而,一旦和理财这件事挂钩,它摇身一变,成了理财产品。

你说温州大妈在拼团炒房,愣是炒高了房价,大妈估计就不服了。其实她们不是在炒房,不过是在理财。所以,在中国，炒房也可以成为刚需的一种。

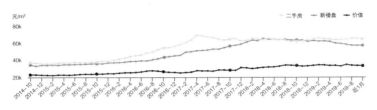

元/m²
二手房　新楼盘　价值

2014—2019年北京房价走势图

关于炒房和刚需的界限，我给大家讲一个身边的例子。

有一个银行客户经理，我暂且叫她房姐。她在银行工作的时候，就特别留意积累房源和高端客户。

她本职工作就是服务一众企业老板，而一众企业老板偏偏都有一个共同的爱好——买房，所以她业余时间就做起了房产中介。

据说事业巅峰的时候，她给一个老板在广州买了30多套房子，除了中介费，老板还满心欢喜地给了她

1万块的大红包。她自己也在众多笋盘[1]当中入手了一两套房,这些房子的房价常常一年就涨30%。

这个过程中,她渐渐认同了一个新中产们当中特别流行的想法:正职工作是用来获取身份的,工作之外的副业才能真正地赚钱。死工资能养活人,但是养不出富人。

于是不久后,她干脆直接离开了银行,单打独斗做起了房产销售。单枪匹马的她把卖房子的小红旗插遍了全国,听说最近还插到了日本、泰国和柬埔寨,冲出国门,走向了亚洲。她跟我分析说,其实房价真的是有周期的。这个周期不是涨跌循环的周期,而是上到一个水平后很难跌下来的周期。

拿北京来说,2013年到2016年房价基本上在4万元左右起伏,是一个周期。但是2016年到2018年,房价基

1　笋盘:在房地产市场不景气的情况下产生的新名词。原指业主愿意无偿赠送自己的房产,一概不要所付的首期款和按揭款,如果新业主看中了自己的房产,立马可以过户,只要愿意继续按揭完房贷即可。实际上所谓的"赠送"是不存在的,只是在房地产市场不景气或者业主手头紧时,有些业主不想再供房,就会以低于市场价好几十万或几百多万的价格出售房子。现多指低于市场价,性价比高的房子,在租赁中笋盘的意思就是出租花小钱就能得到更大利益的好楼盘。(来源:360百科)

本上就在5万～6万元之间起伏，中间再多小跌，也回不去2013年的周期状态。

再说二线城市苏州。房价同样有个明显的"台阶"出现在2016年。随后的几年其涨涨跌跌，却再也没有跌破过2016年之后的新台阶。

这说明了什么？

房姐的初衷并不是炒房，房价的起点也并不是暴涨。只不过，一点一滴的刚需、各式各样的诉求撑起了房价，还把房子变成了有钱人的理财产品，还是特别有安全感的理财产品。

5. 买房这事，可能是伪刚需

为什么房价一直居高不下？不为什么，就因为稀缺性。

北京大学徐远教授就曾经说过："影响房价的根本因素是'位置'。土地可以供应，但位置是独一无二的。"

这话是相当好理解了。这些年，老是有人预判房价下跌，然而谁敢说北京三环以内的房价会下跌？

为什么这么说？地段决定了一切。讲到底，买一套好城市、好地段、好配套的房子，总比买起起伏伏的股票来得安心。稀缺性已经让刚需的意义非常模糊。

你说，人如果只是需要一室之所，从北京市跑到河北省也不应该介意；如果只是需要一个学位，给赞助费也可以；如果只是需要理财投资，买几百万债券也挺稳健的，为什么非要买房子？无非是因为它绑定了资源、学位、户籍、便利、财富，买它本质上是一个人欲望的真实反应。

我们所谓的"刚需"，说到底其实只是自欺欺人的伪刚需。

真正有刚需的人们，可能一直在排着队、咬着牙、忍着穷，等着一个遥不可及的经济适用房名额。

最近，我常听到一种霸气的说法："房子有6套以下，都是刚需。"为什么？自己住，父母住，岳父母住，一套给女儿，一套给儿子，还有一套理财放租——人生赢家的刚需，的确有点魔幻。

如果永远不用交房产税，这标准我也是答应了。刚需是个口号，在很多中产阶层的聚会里更代表了无处安放的野心。

房子既是用来住的，也不是用来住的。它是普通老百姓的养老期待，更是一个年轻人前进的动力。

投资是一场修行，买房也是。如果你还有点钱，不妨先上车——罗曼蒂克不能当饭吃，但房子能成为焦虑的"摆渡人"。

积累"小钱"，才是理财的正确起点

关于和金钱打交道这件事情，最近我看到了吴军博士写的一本书——《态度》。

这本书记录了吴军博士踏足投资业几乎全胜的经验，还分享了他朋友和巴菲特在吃午饭期间的交流心得。现在，我把这些总结一下，全部分享给你。

1. 80%的人看不起的"小钱"，才是你正确的起点

钱有两种用途：一种是用来作为媒介，发挥更大的作用，比如投资；另一种是用来享受生活，但是不能没有限制，必须

量入为出。先挣钱再花钱，这个顺序永远不能颠倒，而且一定不要有不挣小钱的想法。

比尔·盖茨说过："金钱需要一分一厘地积攒，而人生经验也需要一点一滴地积累。"在成为富翁的那一天，你已成了一位人生经验十分丰富的人。

巴菲特就是典型的以"小钱"起家的人。

11岁时，他鼓动姐姐与自己共同购买股票，姐弟俩合资买了3股"城市服务公司"的股票，每股38美元。他满怀信心地等待出手赚钱。然而，那只股票不断下跌，小巴菲特沉不住气了，一看价格稍有反弹就将股票全部出手，赚了6美元。正当他得意的时候，那只股票价格开始狂升。

这是巴菲特第一次涉足股市，赚得不多，但这些赚得的"小钱"让他明白：在股市中一定要不为震荡所动，要持之以恒。

当你还挣不到大钱的时候，请踏踏实实做好复盘。也许你今天赚到的小钱，经过时间的发酵，将成为你实现财务自由的基础。

2. 大部分愿意得5分的人，都是捡了芝麻丢了西瓜

有一个有趣的现象：一块百达翡丽[1]手表能卖10万美元，还经常缺货；国产的普通石英表最贵也不过千元，但是缺货几乎是天方夜谭。

同样是用来看时间，为什么前者比后者贵几千倍呢？

因为百达翡丽做到了奢侈品牌的极致。百达翡丽5002系列手表机芯有686块部件，以此组成12项最重要的腕表复杂功能，包括陀飞轮、万年历、月历、闰年周期、星期、月份、日期、飞返、三问、苍穹图、月相及月行轨迹。因为其极具技术复杂性和巧夺天工的设计，只有大师级表匠才能够制作出这种手表，所以价值势必会高。

再看一个反例。雅虎公司在规模最大的时候，几乎涉足了互联网所有领域，提供的服务可以说是五花八门。但是它提供服务的每一个项目，没有一个是世界第一，很多项目的服务流量和盈利能力非常有限。结果它的所有盈利加起来，还没有谷歌一个广告产品的收入高。

1　百达翡丽：一家始于1839年的瑞士著名钟表品牌，世界十大名表品牌之首。

苏联著名物理学家、诺贝尔奖获得者朗道把物理学家分为五个等级,第一级最高,第五级最低,相邻两级之间能力和贡献相差十倍。

吴军一针见血地指出:如果一个人能够在能力水平上晋升一级,不仅贡献多10倍,所做事情的影响力包括自己的收入也常常多10倍。

做五件五级的事情花的时间可能比做一件三级的要多,但是收益和影响只有后者的5%。

对职业规划是这样,对企业战略是这样,对个人的财富规划也是这样。

比如说,你花太多时间在纠结电商优惠活动到底怎么凑单上,必然会影响手头的工作,你省下了20块钱,却有可能因此丢了一个岗位晋升的机会。

所有懂得机会成本的人,都不会一味在芝麻小事上纠结。

3.选择这件事,不应该掺杂着钱

鲁迅先生说过,人的本性是一要生存,二要温饱,三要发展。

对于这句话,鲁迅先生是这样解释的:所谓生存,并不是勉强度日，而是说要过得体面些；所谓温饱，并不需要奢侈，做到衣食无忧即可；所谓发展，也不是像很多富豪那样放纵，而是说在物质上可以适当享受。

这是一个人正确的金钱观。然而，很多人的眼光只是停留在生存阶段。

有一次，吴军去哈佛大学做讲座，发现大多数华裔学生将来的就业打算是到计算机学院或者医学院当老师。原因很简单，这两个方向就业有保障，收入很好。虽然这无可厚非，但是吴军还是很失望，因为他们选择了一条看似简单，影响力却有限的路。

在选择职业这条路上，很多人被金钱绑架，放弃去做更能发挥自己特长的事情。

我突然想到有一次，高晓松在综艺节目《奇葩说》上发脾气，原因就是有一个清华的高才生参加节目时向三位主持人提问："选择哪种类型的工作更好就业？"

高晓松当场炮轰清华学霸："作为清华最优秀的在校学生之一，你对国家、社会没有一些自己的想法，反而纠结于工作，如此小的格局实在有失清华高才生的身份……名校是镇国重器，名校培养你，是为了让国家相信真理，这才是一个名校生的风范。一个名校生来到这里，一没有胸怀天下，二没有改造国家的欲望，在这儿问我们你该找个什么工作，你觉得你愧不愧对清华对你的教育？"

高晓松的话可以说非常提气。

我曾经读过一个女孩的自传。她目前已经是数百万粉丝矩阵的自媒体人，年入几千万元。

但是她说她毕业的时候，曾经放弃自己最喜欢的写作，到腾讯去面试市场部人员。

当时，面试官跟她说："你应该去做自己擅长并喜欢的事情。"然后拒绝了她的求职。

多年之后，她对这位面试官无比感激。一个人只有做自己擅长并且喜欢的事情，才能真正地接近成功和财富。这不，今天她早就成了百万博主，还是一家大型自媒体公司的主理人。

能挣大钱的人，无一例外都有着正确的金钱观。这个所谓的"正确"是指，一开始不要以短期数目作为追求的目标，而是以内心最认可的未来大局为方向。

写在最后

很多人希望一夜暴富，可是事实上，美国中了千万美元以上乐透大奖的人几乎在10年内就变成了赤贫阶层。没有正确的金钱观，给你再多钱，你都不能真正拥有。

其实所谓人生的蜕变，不过是受一阵子挫折，长一点生活的智慧，多一点挣钱的本领。

所以，毁掉一个人最好的方式就是鼓吹他挣快钱。如果还要加一个方式，那就是鼓吹他只关注钱。

钱是一个好东西，但是"热钱"和"快钱"未必。挣得不体面的钱，迟早会离你远去。

和你共勉。

奢侈品不是炫富的手段

最近我在茶水间听到一个女孩说："我刚买了个Prada[1]的包包，才两万元，好值啊！"

这话惊得我虎躯一震，赶紧回头看看此人是谁。原来说话的是个刚刚入职的年轻小妹，目测月薪大概4000元。

因为她这句话，我想起和一个老同事喝茶时谈过的一个奇怪的现象。每次出国，总是中国人在挤奢侈品专卖店，仿佛

1　Prada：普拉达，意大利奢侈品牌。

店铺不要钱似的，他们排队选品，排队付款，排队拍照发朋友圈……而现场几乎没有几个当地人。

更神奇的是，这群人把奢侈品买回家里，大部分是搭配优衣库挤地铁，甚至拎着几万块的包去买菜。那个包失去了应有的搭配场景。

我问老同事，什么才是"应有的搭配场景"？

她说，至少要配Vera Wang[1]的裙子，Jimmy Choo[2]的鞋子，开辆宝马车，还买什么菜啊，家里应该有几个保姆。

我笑喷了，跟她说："我身边靠自己买车、买房，财务自由的朋友，不背Chanel[3]，不穿Vera Wang，开大众、穿快时尚品牌的衣服。不买菜倒是真的，因为他们经常吃外卖。"

的确，这个现象很特别。全世界都知道扎克伯格开一部飞度车，而在中国，哪怕是个小富即安的暴发户也要开一部保时捷，仿佛高贵的身份不体现在他的身上，而在那台车的车标上。

但其实，越是富有的人，在奢侈品上越"吝啬"；越是刚小有成就的人，越喜欢在身上贴个logo（商标）。为什么会有

1　Vera Wang：著名华裔设计师王薇薇及她的婚纱设计品牌。

2　Jimmy Choo：周仰杰以及以他的英文名命名的鞋子品牌。

3　Chanel：香奈儿，法国奢侈品品牌。

这种现象呢?

1. 奢侈品,是对更上一个阶层的渴望

记得有一次,我跟一个投行的合伙人一起在上海谈项目。

说他是合伙人,不过也是个信息倒卖方。我们全程还是要对对方上市公司的老总唯唯诺诺、恭敬顺从。谈完已经是下午五点半,正是上海的晚高峰时间,而我们准备从浦东开车到浦西去吃一顿饭。

那个合伙人没有开车,也没有拎包,直接喊我们打了一台网约车走。

当时在浦东通往浦西的隧道里,昏暗的光线下,我只看到他的名牌手表闪闪发亮,让车厢拥挤的小空间突然有了一种质感。

我问他:"为什么你不买豪车,不买很贵的包,偏偏买十几万元的手表?"

他神秘一笑:"做我们这一行的关键是要'低调奢华'。因为我们接触的老总们都很朴素,只能在一抬手之间露出的手表上体现一下,表示自己跟他们是一伙的。"

这个说法让我哑然失笑:真的富人不强求奢侈,反而是想被富人认同在一个圈子里的人,需要靠一个标志物显露身份。这个标志物可能是车,可能是手表,也可能是包包,然而这个

名牌的logo恰恰代表那个人对混进上流圈子有多么渴求。

这个世界哪里都有鄙视链。我们这些百姓之间有，老板和土豪之间也有。一个靠知识挣扎到金融行业上层的中产，说到底，轻易成不了老总圈里被认可的贵族。他们也只能靠一点奢侈品买回来一点点高贵的自尊。

所谓攀比、虚荣、炫耀都是装门面的，人最核心的诉求其实是优越感。在香车华服的包围下，人很容易会有一种错觉：我买得起高级的东西，是个有价值的人。

然而大部分人忽略了：一个人能被看得起的原因不是穿着什么、开着什么、背着什么，而是你是谁——你的能力、你的业绩、你的社会影响如何。

2. 为什么有钱人，都显得"有一点抠门"

你可能想不到，身价919亿美元的巴菲特重仓投资了苹果公司，自己的翻盖手机却已经用了20年；他多年来穿的西服，是中国服装品牌创始人李桂莲送给他的。

这都算了，老爷子去香港的时候，还在众目睽睽之下掏出几张优惠券买麦当劳。

再说个案例。

录制《奇葩说》时，高晓松总是将"很普通"的内搭穿在外套里面。

有一次，他当众脱了外套，大家才看到，原来他里面穿的是纪梵希。他幽默地解释了一下："我通常是把贵的衣服穿在里面，而外套是剧组花30块钱给我做的！"

你看，真正的有钱人都不追求门面，他们简洁、内敛，甚至"有一点抠门"。

有一次，一列从杭州到义乌的高铁上，有网友拍到"娃哈哈"创始人宗庆后坐的居然是二等座，而且还有小朋友去问他拿AD钙奶喝。

而华为创始人任正非72岁时，大家以为他出门至少有奔驰接送的，结果他被人拍到夜里亲自在虹桥机场等出租车。

为什么这些真正的大佬反而如此低调？我认为，这无非是因为这一群人笃定的信念：**价值不在徒有其表的东西上面。**

我们说回巴菲特吧，他之所以抠门，是因为从来都认为钱应该花在能增值的资产上面。所以他从来不给老婆买黄金、买钻石，因为他认为这些东西没有投资增值的可能。

而高晓松就看得更透了。他有一句名言："很多人分不清理想和欲望。理想就是当你想它时，你是快乐的；欲望就是当你想它时，你是痛苦的！"可以说，高晓松早就超脱了显摆的欲望，自然没什么兴趣为了炫富把纪梵希穿在外面。

反观我们自己呢?

根据《中国奢侈品报告》的统计结果，2016年有760万户中国家庭购买了奢侈品，中国的奢侈品年支出超过5000亿元人民币，相当于贡献了近1/3的全球市场。

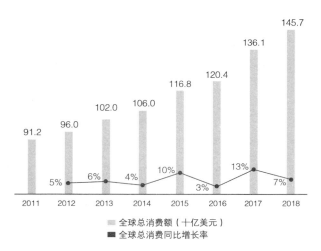

2011—2018年中国人全球奢侈品消费额

而2017年，中国的人均GDP（国内生产总值）排名是世界第70位，只有6.0万元。

两个数据,强烈的反差。最直观的的结论就是,我们当中很多人是打肿了脸充胖子,把自己困在一种虚无的奢侈追求里面。

焦虑也因此泛滥。

我曾经看过一篇文章,题目是《为什么美国中产认为,花800美元买一件衣服是脑子有问题》。作者在文章里说:"美国人啊,不喜欢攀比,也不爱花钱买名过其实的奢侈品。"

那他们的消费观念都是怎样的呢?

"在美国沃尔玛等大超市或百货店里,服装鞋子大多在10~30美元,款式质量都不错。女婿在谷歌做"码农",年收入28万美元;女儿在美国公司任会计,年收入8万美元。"

我估计,在中国就算是年收入28万人民币的人,也不太乐意穿几十、一百块钱的衣服、鞋子。

在这点上,美国人民的确是"有一点抠门"。美国大部分人更在乎的不是面子,而是性价比。

白手起家的富豪史蒂夫·希博尔德花了26年时间跟踪调查了全球的多个富豪之后,得出了一个结论:决定一个人贫穷还是富有的并不是他的赚钱能力大小,而是他对钱本身认知水平的高低。

富人往往把钱看成投资的"资源"，它只是为了增值而存在的东西。如果钱不能带来更多的钱，那么花每一分都不应该。直白地说，真正的有钱人，都爱聚焦在性价比上——节省一点，那是聚沙成塔，留着将来抄底用的。

不买名牌的有钱人有一个根深蒂固的"富人思维"：花钱，但要花在刀刃上，比如投资、买资产。他们不怕别人小瞧自己，毕竟有了资产，还怕什么面子问题，谁会在意别人用嫉妒的眼光看着他抠门呢？

而我们这些普通人，绝大多数并没有什么特别好的投资途径，有了钱就来个"月光"，存钱不过是为了凑个奢侈品，却根本没有意识到：为面子而消费的东西，更多时候，只是一场短暂的光鲜。

所以，用得起奢侈品并不代表你很了不起。现代式炫富靠的都是实力，而不是你身上某个金光灿灿的logo。

最高级的财商,是学会计算内心的得与失

我做了10年和钱有关的工作,最近却被一个滴滴司机的财商彻底折服了。我跟他在车上只聊了几十分钟,就彻底刷新了我的理财观。

1. 一个会算聪明账的滴滴师傅

滴滴师傅姓林,穿着特别酷的黑色T恤,梳着精神的"莫西干"头,开一辆北汽的电动车。

电动车加速特别快,我饶有兴趣地问他:"为什么会选择电动车,因为电费比油费便宜很多吗?"

林师傅笑了："不是我选择了电动车，是电动车选择了我。"

我更稀奇了："为什么呢？"

他说："这车是我跟滴滴租的，因为新能源车没有上牌限制，所以他们只有电动车。"

还有这样的操作？我被这种新模式给吸引了。作为手中佩剑走江湖的"大侠"，我立马掏出计算器算了一下，但是，按10年使用期算下来，这台价值15万的车，怎么算都是自己买比较合算啊……

正在我疑惑的时候，这位有头脑的师傅抛离了数字，给我算了一笔聪明账："一天100多块钱，三年就要交15万了，在常人眼里这是一笔'消费'，不值。但是你算算，一年1万多的保养保险费，1万多的车贷利息，平均每天也要80块。我这一天多付了几十块，不亏。首先，我买不起车，但也不再有债务压力，想做这行就做，不想做随时不干，有比自由更贵的东西吗？其次，我的目标更清晰了。我每天必须做够1000元的营业额，否则当天的租金就赚不回来。我想尽办法提高营业额，现在已经能做到月流水3万。"

我开始觉得这个司机真的有点不一样。他的算法，完全抛弃了执着于细节的斤斤计较，简直就是司机界的一股清流，甚至能成为咨询界"目标管理法"的典型案例。

比起他，我们这些为了省几十块甚至几块钱就愿意在各大电商活动中各种订金、返现、补贴的"奥数题海"中畅游、挥笔狂算的人，真是显得有那么一点愚蠢。

2. 其实他并不仅仅会算账

像我这样爱赚钱又厚脸皮的人，肯定不会放过问他提高收入的秘籍。

林师傅开启了得意扬扬的模式："首先，我主要接长途单，每天至少跑一趟。"

我奇怪了："滴滴师傅不是喜欢短单吗，单数多有奖励啊！"

他说："奖励那点钱算什么啊！我们出来做这个，就是卖时间。短单等待时间长，每次等客户十几分钟，我在高速公路都已经跑了20多公里、赚了100多块钱了。"

我恍然大悟，真正会经营的人都不爱赚小钱，眼睛都盯在高利润业务上。

但长途单可遇不可求，这个师傅是怎样做到长期稳定地运营的呢？

林师傅哈哈一笑："这个肯定是要去经营的。每次接到长途单，我会跟客户攀谈，了解他跑长途的规律并且记录下来；

攀谈中一旦有客户愿意长期包我的车，我就当场打个折给他，那客户就很高兴了；如果他给我介绍新客户，我就新老客户都打个折。一传十，十传百，很多人愿意长期包我的车去深圳、东莞、顺德、番禺这些地方。"

原来，这个师傅已经深谙电商活动的传播原理：首先，对目标客户（长途客）进行精准传播；其次，要有折扣才能吸引足够的客户；最后，也是最重要的，舍得吃亏。只要传播是带流量的，他吃点小亏又何妨？

林师傅告诉我，他的同行早上5点起床，奔早高峰和晚高峰而去，有时只能挣500块钱。而他只要有长途客，早高峰晚高峰都可以放弃，绝对不把时间浪费在堵出心脏病的市区道路上，而且保证收入是他们的两倍。

谈到这里，我已经深深地被这个滴滴师傅折服了。

对于这项工作，他承担看似笨的高成本，实质上是在灵活地用分期的方式处理资金；他看上去不像其他人那么勤劳，实质上却找到了高客单价的窍门。

更为关键的是，他知道自己要什么。

他所有的行为直戳自己内心所需，不会因为贪图便宜而掉进便宜背后的深坑。

　　也许你以为我是想传递一勺鸡汤：方法比勤奋更重要。其实，我是深有感触地在这里跟大家谈一个常见的不自律行为：过载。

　　过载这个问题，人人都会犯。

　　看大的案例，面临倒闭的乐视之所以走到今天资金链断裂的地步，和之前蒙着眼睛狂奔在不同的产业线上，搞完电视搞手机，搞完手机搞体育，搞完体育搞汽车不无关系。根本不知道自己主要着力点在哪里，疯狂给自己加任务，就是过载。

　　看小的案例，"双十一"前很多人在装购物车、算优惠券、夺红包。到最后，他们可能为了"凑单"这个"世间最大的谎言"多买了很多自己根本不需要的东西。还有我们常常会碰到的局面，囤很多书来不及看，买很多课程来不及学，想做一个"斜杠青年"，却没有斜杠的时间——这些，通通不是"有多少，负担多少"的状态，这就是过载。

　　渐渐地，你被自己骗进一个怪圈。就像那些每天5点起床却依然只有500块收入的滴滴师傅一样，投入很多，却没找到最有效的钥匙。

　　要抽离"过载"的状态，首先得跟林师傅学习，明确自己有什么，要什么，可以怎么办。

　　他没有15万启动资金，就用租车的方式，绝不让自己陷入重负困局；要提高收入，必须放弃小散客，做高价客，就必须肯一边开车一边陪聊天还要愿意吃点小亏……

黑格尔说："纪律是自由的第一条件。"要想得到自由，必须首先明白，自己能匹配的纪律是什么，千万不能贪心。

我已经在和钱打交道的世界工作了10年，习惯了用数字计算得失。但数字真的是财商的必需品吗？

这个滴滴师傅可以说是我的一位贵人，不但让我看到了他的勤奋、机敏和坚持，更让我发现，**原来最高级的财商是不问简单的高和低，只算内心的得与失。**

别把熬夜当成拼命

熬夜能闯多大的祸?我见过比较严重的一次,同事因此丢了全部年终奖!

我以前工作过的公司,有一个同事犯了个大错误,把给A客户的合同寄给了B客户,而且两者之间存在竞争关系。这下可好了,A客户的合作价格比较低,B客户的经理一下子就气晕了,直接一个电话打过来,说要取消合作。

老板听了之后非常生气,直接把同事的年终奖都取消了。

我觉得很奇怪,这个同事向来细心靠谱,怎么突然之间犯了这种错误呢？细问之下我才明白，原来她在寄合同之前，因为加班连续好几天熬夜，导致白天也神志恍惚、头昏脑涨，做事情自然容易出问题。

我把这个情况告诉老板，想证明这个同事真的很辛苦，很希望为同事把年终奖争取回来。但是老板说的话让我印象特别深刻："无论什么原因，犯错了就是犯错了。公司从来只看结果，不论过程。"

职场就是这样，只有成绩单，没有功劳簿。把熬夜酿成的错误又用熬夜去赎回，那就是不折不扣的死循环。

你以为用紧绷着的神经熬着通宵工作就叫作"拼命"，那仅仅是拼了命证明你是能持续工作、产出价值的生命的"命"。

大概是一年多前吧，有一天我一觉醒来，发现自己听不见了，估计没有人能体会那一刻我那种恐惧的心情。

我在想，我还没听过郎朗的钢琴演奏会，还没听见尚未学会说话的女儿叫"妈妈"，还没听她完整地跟我说一句话……一想到这里，我的眼泪就扑簌扑簌地掉了下来。

我立刻想到，我之前有个朋友患鼻咽癌，最主要的症状是耳朵听不见，难不成我得了癌？再这么一想，我更是泪水喷涌而出，哭成了一个泪人，吓得孩子她爸在旁边说："不就是快要迟到了嘛，不用哭成这样吧？"

坦白地说,我一直以来的工作状态真的可以用"失控"两个字来形容。

我每天熬着夜写稿,工作的时候忍着不上厕所直到得尿道炎;半夜里工作压力太大开始吃消夜,拼命吃;要是遇上月经,腰疼、背疼、肩膀疼,随便抱个热水袋揉揉就继续上阵——在这样的熬夜程度下,只让我听力骤减,已经是上天的恩赐。那是我第一次感受到,熬夜真的会在不知不觉中彻底伤害一个人的身体。

后来,我看了TED(美国一家致力于传播创意的非盈利组织)的一段短片,说的是一个17岁的高中生兰迪·加德纳连续11天不睡觉的实验。

结果发现,第二天不睡觉,他眼睛就停止了聚焦;到了第三天,人已经变得笨拙而焦躁;到实验结束,他已经完全不能集中注意力。

短片清晰地指出,熬夜不一定立刻让人产生生理上的问题,但是长此以往必然会造成激素分泌不平衡甚至死亡。

我们做投资的人,特别喜欢计算投资回报率。在把时间投给深夜工作这件事上,我们却常常犯下愚蠢的错。

我一个非常要好的朋友，他勤奋又聪明，30岁就做到了某公司高级副总裁的职位。结果一年半前，他突然得了急性肾衰竭，真是毫无征兆。

他得病了之后，我回想一下跟他相处的点滴日常，发现其实征兆早就出现了：我们虽然都生活在广州，但是我不是在飞机上遇见他，就是在飞机场遇见他；我写稿已经够勤奋了，凌晨三点发个朋友圈，他居然第一个点赞；我经常胡吃海喝，但是他不但不控制饮食，还经常烟酒相伴……

他的投资项目都很成功，但是他每次都不无遗憾地说，他的投资回报比不上隔壁团队的某某，人家赚了十几个亿，他却只赚了几个亿。我从这句话里体会到一种严重的中产焦虑，但是还是捂着良心为他的"高标准严要求"点了个赞。

虽然熬夜和得病没有绝对关联，但是我敢说那一定是一种助力。

我去医院看他，给他讲笑话。说完，我拼尽全力哈哈大笑，笑得整个病房里都是热闹的空气。但是，热闹最终还是陷入了沉静。沉静的瞬间，我感到一股莫名的心酸从心底一直蹿到了鼻尖。

虽然他已经尽力治疗，但是死亡还是来得那么凶猛。从他被确诊到洗肾、换肾手术、排斥、感染、衰竭、死亡，只用了四个月的时间。

最后，我去看望瘦成纸片一样的他，不敢相信那是以前朋友圈里秀八块腹肌的人。他曾经的光芒四射，只衬托出了人生病后生命的格外脆弱。

那个时候，他的角色只剩下了父亲。他时时刻刻记挂着的是还没满3岁的孩子。虽然他积累的钱可能孩子一辈子都花不完，但是孩子真的只要那些花不完的人民币吗？

想到这个问题，我突然觉得这个世界特别残酷，特别冷清。

我记得有一句话说："工作就像一个皮球，掉下去还会弹回来；健康就像一个空心玻璃球，一掉下去就会粉碎。"

当初我把这句话当鸡汤一样读着，心里还窃笑。直到某一天一觉醒来，我突然发现玻璃球真的碎了，一地残破的光芒刺痛着我的心。

把熬夜当成拼尽全力，把晚睡作为对焦虑的掩饰，那么自以为是的努力，不一定能得到幸福、富足和自由。

时间最可怕的地方，倒不是让你从青葱少女变成油腻中年人，而是让你和健康之间的距离越来越远，你却浑然不知。

熬夜已经不仅仅是一种不自律，还是你最大的赌博。你总是心存侥幸，认为自己还处于能赢的阶段，赌注就多下一点，大不了过一段时间就好好休息一下。

没想到，这世界总是"忙过了这一阵，就可以忙下一阵了"，你却总是把欲望写满心中，还告诉自己这就叫作"上进"。

有一句话我非常喜欢，希望以此警醒自己，和你共勉：**用熬夜去拼命，那只不过是拼命逞强。你的睡眠时间，才是你真正自律的证据。**

FINANCIAL INTELLIGENCE

财商养成 第二步

摆脱穷人思维，
学习富人目标论

目标感是财务自由的要素

　　进老人院就像进了幼儿园一样是什么感受？很多人可能体会不到。

　　日本的爱知县有一家全日本最大的老人院"蒲公英介护中心"，他们最大的卖点就是"好玩"。老人们在这里，每天可以跳舞、唱歌、泡温泉……喀，那些都是小儿科，他们还能一起打游戏，开运动会，就像跑进了迪士尼。

　　说实话，这帮早就实现了财务自由的老人一开始也不是这么疯狂的。最开始，不管工作人员每天怎么引导，他们都不肯去活动，简直可以用"死气沉沉"来形容。

可能是这些老人待在一个陌生的环境，等着死亡这件既未知又肯定的事，生活既无目标，又没盼头，对他们来说已经失去了任何价值感。

但是老人院的工作人员并没有放弃，绞尽脑汁，内部发行了一种叫"SEED币"的钞票。

只要老人参加康复活动，去散步、刮胡子、自己洗头……就可以赚到"SEED币"，然后这些币也可以花在打游戏、买零食、买下午茶这些事情上。老人存够了币，还能去逛街，去购物，去扫墓……

这招一下管用了，那些老人的热情一下被点燃了。他们一下子找到了生活的目标，纷纷排队参加康复项目，甚至那些赚"SEED币"比较多的项目都出现了供不应求的情况。

重新回到每天"赚钱、存钱、花钱"的生活模式后，老人们又找回了生活的价值感。整个老人院变得活泼有生气，和人们心目中"孤独寂寞冷"的刻板印象差得很远很远。

我突然明白了为什么哪怕实现了财务自由，机械重复的生活还是会让人窒息，无非是因为，无论你是月薪3000元的小白领还是年入百万的精英，都会因为失去"人生的目标感"而感到迷茫。

1. 人到底为什么要工作？哈佛大学给出了答案

我曾经收到过一个粉丝的咨询信。她的工作很稳定，钱也够生活，但是上面的领导既不走，也不会教自己，她想离职又没有勇气。她感觉很迷茫，很害怕自己就这样废了。

我让她做的第一件事是想象一下5年、10年、20年之后的自己想要的生活分别是什么样子的，同时分别找一个对标的人。然后我请她把那个对标的人作为目标，去考虑自己该不该离职。

咨询的过程中，我从这个女孩身上发现了一个问题：她活了20多年还是习惯沉溺在现状里，不知道自己想要什么。这也是大部分人不得不面对的一个残酷现实。

哈佛大学曾对一群智力、学历、环境等客观条件都差不多的年轻人做过一个长达25年的跟踪调查，调查内容为"**目标感对人生的影响**"。

25年后，这些年轻人的职业和生活状况已经发生了很大的变化。

调查结果是这样的：

第一类人占总人数的27%，没有目标，几乎生活在社会的最底层，经常处于失业状态。

第二类人占总人数的60%，目标模糊，能安稳地工作与生活，但都没有什么特别的成绩。

第三类人占总人数的10%，有清晰但比较短期的目标；他们短期规划不断得以实现，成为不可或缺的专业人士，如医生、律师、工程师、高管等。

第四类人占总人数的3%，有清晰且长远的目标。这帮人意志超级坚定，25年来几乎不曾更改过自己的人生目标，并且为实现目标做着不懈的努力。25年后，他们几乎实现了财务自由，其中不乏白手创业者、行业领袖和社会精英。

其实，他们之间的差别仅仅在于：25年前，一些人早就知道自己想要什么，还懂得分解到每一步，另一些人则在时间的洪流里被生活推着走。

2. 没有目标感，全身都在积累毒素

毕淑敏说："人生没有意义的。所谓的意义，都是自己给自己找的主观上的目标感。"

对这句话我深有感触。

我最近翻了翻朋友圈，一个在BAT[1]级别的大公司做到总监的朋友居然辞职了。过年之前她还不断在发他们公司的年

1　BAT：中国互联网公司百度公司（Baidu）、阿里巴巴集团（Alibaba）、腾讯公司（Tencent）三大互联网公司首字母的缩写。

会、活动、福利，怎么说跑就跑了呢？

更让我惊讶的是，她离职之后居然做起了微商。当然，作为一个对"买买买"特别热情的人，我为了帮衬她买了一些小众品牌的护肤品，一来二去我们就聊得更熟络了，自然也聊到了她辞职的原因。

她说："以前在大公司，争夺资源、内斗、在邮件里面找对方说错话的证据基本上成了日常三部曲。我的人生目标都差点直接变成把那些跟我抢人、抢资源、抢单的人弄'死'。活不累，心累。后来想想，这有什么意义呢？当一个人活着的目标是争斗而不是创造，那样的人生毫无价值啊。"

我笑着说："跟那些喜欢玩弄权术、制造办公室政治的老板说再见一点都不可惜啊，但是你怎么就做起了微商呢？"

她一下来了兴致："因为做微商有明确的目标啊。我的目标是每天做3000元销售，一个月做10万元，每个月增长10%，下半年可以开线下店。现在每天我的工作都特别带劲，选品、谈价、拍照、修图、做你这种大客户的沟通，我觉得自己是个有盼头的人！"

哎呀，一不小心我居然也能成为"大客户"了，突然有一种受宠若惊的感觉。更惊到我的是她条理清晰的目标和高效的执行力。

这个女生抛弃年薪数十万的工作也活出了价值感，无非就是因为可以脚踏实地地走向自己可以触及的灯塔。

罗振宇老师也特别戳心地在《弱者的逻辑》里说过："如果你有目标，全世界都是你的资源，你在走向目标的过程当中，每一步都是获得滋养，哪怕你做错了。"

如果你没有目标感，全世界都会对你构成伤害。因为你在做应激反应的过程中，永远是在积累毒素，哪怕你做对了。

3. 百万期权，不如一个可以实现的目标

在做投资管理这段时间里，我时不时就可以听到一些老板向我抱怨："我对员工掏心掏肺，期权、未来、承诺都给了，怎么有的人连100万元的期权都不要就跑了，真的无法理解。"

我只能双手一摊，对他笑笑说："老板，你可能真的不知道你的员工的目标到底是什么。你给的期权白纸黑字写了吗？你告诉他什么时候能获得了吗？也许人家活着，不过是想工资比得过旁边工位的那个同事。"

你看，老板们常常会跌入一个误区：以为自己的目标就是员工的目标，以为自己随口说说的别人就能笃信。正因为这个巨大的误会，所以每次老板的给鞭子、施压力、画大饼都变成了无用功，最后他们又不禁要感叹：手下这帮员工怎么就带不

动呢？

殊不知，这年头老板也是要做口碑的。你要是不知道员工心里想要什么，给1个亿的期权别人也会把你当笑话看。

有一句话说得好：工资是用来比较的，承诺是用来怨恨的。对大多数人来说，无非第一求生存，第二求发展，比这两者更重要的，是公平感。

高明的老板不但应该懂得怎么去均贫富，还应懂得让每个完成了目标的员工获得实实在在的回报。

要是员工发现老板吹得繁花似锦的宏图，无非是拿着绳子吊在眼前的胡萝卜，无论如何也吃不到，谁也不会为你继续卖命。

和教小孩一样，一个老板留住员工最愚蠢的方法是讲道理、发脾气和刻意感动，最有效的方法是给目标、给路径、给报酬。

没有了奋斗的方向感，谁会认为日子过得有奔头呢？

写在最后

我们从生下来的一刻起，就知道自己奔赴的是死亡这个终点。要是从这个角度解释，我们在路上做的所有努力、争取的各种辉煌、拼了命想要去实现的"财务自由"，似乎都是无所谓的。只要拿到足够活下去的钱，是不是就已经够了呢？事实上，对大部分人来说是不够的。

　　财务自由只是一个口号。追逐一个个关于金钱、关于职位、关于成就的目标，本身就是我们一路奔忙的人生意义。

　　因为，在达成目标时立下的每一个里程碑都是我们存在过的证据。

赚钱布局：积累势能，提高时间单价

　　我有个二十几岁的朋友最近又换工作了，哭着问我："跟我一起入职的女孩工资比我多1000块，你说我该怎么办？"

　　他还能怎么办？要么忍，要么滚。

　　我想起了自己刚毕业的时候，找工作的唯一标准跟这哥们儿一样——钱。谁给我钱多，我就跟谁。

　　但凡年轻人，谁没经历过几次跟钱的较劲啊？他们面试找工作，恨不得第一时间问问工资范围；拿了几份offer（录取通知），都是因为钱的问题不想接受——想想工资只够交房租和吃饭,人生多没劲!

现在回想起来,那时候的自己多么幼稚!赚钱这件事的第一要义就是水到渠成,急不来。越着急,钱就反而越容易离你远去。因为人在二十多岁的时候,**赚钱这件事需要有布局。**

1. 赚势能

最近我和一个投资公司的美女副总Elain谈合作,每次见她,她都是干练利索的,讲话逻辑清晰。

我私下问她:"你做这一行很久了吧?"

没想到她说:"我今年才开始做这一行,以前都是在辛苦创业。"

讲起自己的经历,Elain就滔滔不绝了——

她原本做的是鲜花生意,天天四点起床、五点亲自赶去花市挑第一批鲜花进货,因为第一批鲜花通常比较便宜新鲜;因为没有经验,生意做到现金流断裂,拖欠货款,差点被供应商拉去毒打;最穷的时候,办公的地方和住的地方合一,每天就在农民房里打地铺,被蚊子咬十来个包是日常……

后来,她的小生意渐渐有了起色,也开始能够赚点小钱,但是她也能判断出那个行当赚不了大钱,于是及时把股份卖掉。正好这个时候朋友的投资公司正在寻找有创业经验的人做投资,她就去了。

　　Elain的过往跟多少刚出来工作的人一样，做最苦最累的活，被生活蹂躏得面目全非，整个人生词典只有一个字：穷！

　　她在创业的过程中没怎么赚钱，却攒了很多千金不换的势能：怎样在创业初期找到资金，什么地方可以找到最多的客源，什么时候最应该咬紧牙关坚持，什么时候可以收缩战线防守。这些她通通经历了一遍。创业者知道的，她都知道，所以做起投资者来特别得心应手。

　　现在，她聊几个小时就能判断一个创业者的野心，判断对方能不能坚持熬过最难的时刻，判断对方到底有多大的心胸承载目前的穷，判断对方能力的上限在哪里。

　　所以她现在的时间，都卖出了很高的价钱。

　　其实做一份工作本质上是把时间卖给了一份事业。创业者是把时间卖给自己的事业，打工者则是把时间卖给了和别人一起开创的事业。

　　就像小雏卖不出凤凰的价，刚出来工作的人也别指望自己能立马卖天价。能一出道就卖天价的，一是天才，二是读书的时候就已经修炼为行家的人。

　　工作给我们最大的回报，除了钱，就是经验，也就是往上走的势能。一开始卖便宜点，我们真的不要太计较。在走到洞口看到大大的世界之前，大部分人弯着腰，走着逼仄的小道。

2. 提高时间单价

有了势能之后，一个人就有底气了。这个时候就应该计较了。

在这个时间段我们最应该考虑的是"占赛道"的问题：到底站在哪条赛道上，我未来的时间能卖更高的价钱？

我见过有的老师，他会让大家一心多用，把技能复制到各个雇主身上，做更多的兼职赚到更多的钱。

这种选择无可厚非，但是复制技能的时候，你是把时间用在同一件廉价的事情上，可以说赚的都是辛苦钱。就算它再熟练，也不能跃升成为高级技能，甚至你还会因此失去休息时间，使你的身体垮掉，那更是不值得。

廉价售卖，你售卖的上限就是24小时。时间单价不提高，财务自由永远与你无缘。

我认识的两个发型师就是两个很鲜明的例子。

我们家对面的理发店有两个不一样的发型师。他们一个跟我说，只求天天多接单子，下了班有时候也帮其他理发店做客串的发型师，但求多劳多得，寄钱回家买房子。

另一个呢，有时间就去参加发型设计进修班，此外还花了很多时间跟我探讨顾客的心理，研究怎样促销顾客才更容易接受，店面要怎么装修才会更好看。

一年之后，多劳多得的发型师还是一个发型师，思考升阶的发型师开了自己的发廊。

还有更多这样的故事，让我不得不深思。柳青放弃了高盛集团的高官厚禄，加盟滴滴；蔡崇信放弃了Investor AB（瑞典银瑞达集团）的几百万年薪，到创业伊始的阿里拿500元月薪——最聪明的人都不是在别人艳羡的慢车道里舒适走路，而是到更高价值的赛道上跑步。

时间也是一个投资品，投资在高风险方向，就能获得高回报；投资在低风险的普通行为里，那就只能换得普通回报。

3. 水到渠成后，赚时间=赚钱

我以前在事务所工作的时候，对客户服务是按小时标价的，那叫作hourly rate（计时工资）。

虽然我是拿着死工资，但我的工作价值对客户是用小时计价的。当时我看着合伙人一小时大好几千的标价，常常会吓得连喝三瓶可乐压惊。

所以，我早就对"时间=钱"这个事情特别认同，因此也特别不能理解，为什么喜茶能吸引那么多年轻人放弃足足一两个小时的宝贵时间，排队等待只为喝一杯奶茶。

最近几年我看了很多创业者的故事，越来越感觉：人生最付不起的，是时间。

成功的创业者通常对时间有一种近乎功利的态度，而且越聪明的创业者，越把时间花在战略层面上，想更远的事情如何落地执行。

他们每天24小时除了吃和睡，花60%的时间想方向，花40%的时间抓执行，基本上没有私人时间。他们已经根本不需要任何人监督做事，因为他们每分每秒都能创造价值，做得越优质，价格越高。

当你的时间单价足够值钱的时候，你自然就学会什么东西应该抓紧，什么东西应该放弃。

全力以赴的自主创业世界里，时间才是最稀缺的珍品。势能、时间单价、时间量就好比卖产品的讲价能力、出价金额、存货量。

对"赚钱"二字最好的诠释就是**时间不过就是筹码，人生不过是"赌局"**。

目标明确，才不会深陷迷茫和焦灼

　　第一次走进社会，谁没有过踌躇满志的瞬间啊？我会因为拿到了大公司的offer跑到楼下的驴肉火烧店大撮一顿，外加一碗紫菜汤；我那时候笃定加班的结局一定是美好的，帮同事擦屁股一定会得到感激；我会为一页报告数据没做漂亮，懊恼得一夜睡不着觉；我会为延误了一天的deadline（最后期限），出了一个"正常人都不会犯"的错误而心跳加速，心慌失眠出虚汗。

　　那时候，事务所的工作十分忙碌。但是，哪怕加班到凌晨一点，和一群小伙伴在冰冷的北京街头涮羊肉，一身膻味回到酒店眯两个小时就起来再干，我也不觉得累。那时候我以为有梦想是一件光荣的事，为梦想all in（精疲力竭）对我来说是理所当然的；那时候我朴素地想着，只要肯拼，Lamer（雅诗兰黛集团旗下的海蓝之谜面霜）可以自己买，特斯拉也可以自己开，工资总有一天追得上房价……

我好怀念那时候的简单和热血，就算熬夜熬到黑眼圈比眼睛还大，满足感还是和肾上腺素一起飙升到顶峰。

然而等到中年，一切都变了。刷刷手机，满屏都是"你的同学已经身价百万了，你还在抢两块钱的红包？""那个从不买单的年轻人后来怎么样了？""姑娘们都嚷嚷着口红要自己买，你给我爱情就好了"……一句话总结，有钱就好了，有钱你就是世界的主宰。

你有了钱，就可以看着两块钱的"巨款"红包也能进入禅定境界无动于衷；有了钱，别说买个几百块的单这么小的事情，没有满3000块的单买了都不好意思；有了钱，姑娘要爱情给爱情，要口红偏不给，给爱马仕。

问题是，混了那么几年之后，我发现真相是我们没钱。不但没钱，我还发现身边那些下班从来提前3分钟关机，把工作当个屁，你认真他还当你矫情的人，反而过得越来越好了。

他们舒舒服服地做自己熟悉的事情，遇到质疑就说"这是张三李四干的别问我"，对任何事敷衍交代就好。人家和和美美、无风无浪，领着和我一样的薪水，却比我舒坦地活，成为我拼尽全力或是有心无力的有力讽刺。

久而久之，我发现身边那些曾经遇到挑战眼里就闪着光的同事渐渐也变得懂事机灵了，老板在就打开Excel表，老板不在就打开腾讯视频；朋友圈再也不秀加班，把给同事的朋友圈权限都改为一条横线；明白了什么叫作应付，什么叫作差不多，什么叫不犯错就好；明明闲得蛋疼，还是能少干就少干，反正横竖都买不起房。

多少人持有这样的心态：看见别人混日子，那我也混混呗。

我被动地迎合着上司的脸色，在得不到和离不开之间周旋徘徊，看着自己一日一日变成那个自己最讨厌的"老油条"。

"油腻"两个字莫过于此了：不思进取，安于现状，小聪明比热血多，还自我麻醉这叫踏实低调不虚荣。

那如何避免成为一个深陷在混吃等死的焦灼里，"身未老，心已老"的油腻青年呢？

小维作为职场过来人，给你一点建议。

1. 不要埋怨

《哈佛商业评论》分析了970名实验者，发现了一种特殊的人群——"职场囚徒"。他们缺乏动力，效率低下，但也不打算另谋高就。他们就像困在牢笼里面的囚徒，既不满意被囚困的生活，又没勇气推开牢门。

在《哈佛商业评论》的调研中，这群"囚徒"内心充满了埋怨，埋怨公司对自己不公，挑剔别人的低能，对现实有深深的无力感。

大家熟知的指摘油腻中年的冯唐，本身是学妇产科的博士，后来不想当妇产科医生，去了美国当上了麦肯锡顾问；不想在美国待了，回国做了华润集团的战略总经理，到今天成了投资界的大牛，中信资本的资深投资人。这些都算了，他还是大家喜爱的作家，书都出了十几本。

你看，每次遇到职场瓶颈或是自己不喜欢的领域，冯唐选择的是"积极拓宽"。

改行、改变、学习、实践，无非就是这样。埋怨现实，给自己设限，你就输了。

2. 不要和别人比较

说到底，一个人停滞不前，深层原因就是焦虑过度。

知名广告公司智威汤逊对分布在全球27个国家的消费者进行了调查后发现，全球有71%的人处在焦虑的状态之中。他们因为焦虑，所以束手无策，既然羡慕着别人，还不如和别人一样混着吧。这就是典型的"劣币驱逐良币"。

王小波说："人的一切痛苦，本质上都是对自己无能的愤怒。"这句话我只同意一半。人的痛苦其实是在和别人的比较中，对自己的无能感到愤怒。否则，这个世界就不会有那么多鄙视链，就不会有那么多"标签侠"，一个笑容可掬对你毫无杀伤力的中年男人，就不会拿个保温杯也会被那么多人拿出来吊打。

在比较中，人可以产生优越感。在比较中，人也可以产生致命的沮丧。任何一种情绪都阻碍着你大踏步走向更好的人生。

3. 找件自己真正热爱的事情做

我还在做审计的时候，听说我们那个事务所有一个"伟大的大牛"叫山姆。他不但能每天工作十几个小时，还能抽出时间写了一本专门归纳自己审计趣事的书——《审计一家言》，而且经营着一个拥有非常多粉丝的博客。

更为神奇的是，他还会写非常复杂的Excel宏（Windows环境下开发应用软件的一种通用程序设计语言）。闲暇时间（我真想问问他闲暇时间是在哪里挤出来的），他还搞了个Excel小插件共享给全公司的同事，方便大家工作时"一键"完成很多常见的Excel动作。不得不说，这个小插件我一直用到现在。

这样的人生，才真正是百里挑一的有趣人生。

山姆因为拥有很多让自己活得快乐的技能，职业根基才越来越深厚。后来，他成了去哪儿网的CFO（首席财务官）。

我们的工作很可能是日复一日、千篇一律的，连下班后遇到的每张面孔都在意料之中。在这样沉闷的日子里挣扎，我们唯一有希望的出路就是找到一个这样的兴趣点。在这世界上，激情没了，我们的热爱还可以成为动力。

4. 不要有任何速成心态

我相信，在知识付费的浪潮里，在罗振宇等人的引导下，你或许曾经上过一小时学会拓展人脉圈、七天成为演讲达人、如何三个月内做到年薪百万这类课程。

你以为陷在沙发里反复听着、翻看着手机传来的各种信息，让手指头没有闲下来的一刻，就能总有一天，让自己一下成为某个行业的专家。然而，1小时过去了，14天过去了，连365天都过去了，你依然上台讲不好话，年薪还是10万，人脉更是只剩下朋友圈里的几百个"点赞之交"。

你不解，跟隔壁张大姐比，你不跳广场舞、不算淘宝账，花钱学习、力争上游怎么还跟她一个下场？然后你瞬间丧气了，没有了热血，没有了斗志。

速成心态最害人。没有一万个小时的努力，你还妄想成为专家？这简直就是对"专家"两个字的侮辱。

郎朗也够天才的了，3岁就开始学钢琴，9岁就上中央音乐学院，几十年后的现在还保持每天练琴3小时的习惯。

"成功"两个字，从来都不是充话费送的。你没练够一万个小时就乖乖滚回去继续努力，别再论述世界的不公平以及混吃等死的必要性。

无论从哪个方面看，一个刚在职场打拼了几年的年轻人，一定觉得油腻的中年离你很远。

但是混吃等死的那种焦灼比"油腻"更容易让你不经意摔得四脚朝天。

有过监狱经历的作家徐晓在她的《半生为人》中写过："知世故而不世故，才是最善良的成熟。"

哪怕知道改变不易，哪怕被削去理想和棱角，哪怕被人嘲笑，心里那点热血也不该干涸。要是干涸了，何止是油腻，那是真的废了。

清楚自己的意愿，才能正确选择

30岁这场盛宴，很多人想谋求一个改变。但是大部分的现代人是一边渴望着自由，一边倦怠地面对着秃头、胃疼、月经不调而不知所措。

他们说好了逃离北上广，往往最后还是沉溺在加班的水深火热中；说好了不为结婚而结婚，最后还是勉为其难相亲了一次又一次；说好了30岁之前一定要全球旅游，其实旅游的钱还是动也不敢动，存在银行里准备付房子的首付……

人们不想改变，是因为对未来的恐惧远胜于对现实的无法忍受。但你有没有想过，是软弱限制了你的想象力，你其实还可以是另外一种你。

我最近发现，身边有一些人正在悄悄地改变着这个现状。

我们投资的一家猎头公司的老板，最近突然放下公司每个月80万的业务，自己开车去了一趟西藏。

他的决定下得特别仓促，从看到一张久违的雪山照片到收拾衣服开车远行，前后不过两个小时。他说他想开车进藏已经想了3年，一直被业务所困走不了，现在都30岁了，再不走怕是要有高原反应了。

他换了一种思维：公司没了他又不是不行。而他的活法也从不敢放手、事必躬亲，变成了更加在乎团队的自主运行。

我的同学在一家外企做到了高管，天天带着团队冲杀在深圳和香港第一线，据说过海关的次数比香港走读学童还多。

就这样一个看上去完全离不开工作的女强人，最近突然迷上了跑步，天天绕着深圳湾跑10公里不说，北马、港马、杭马，参加完一个又一个。

她说自己突然就对马拉松上瘾了，每次跑在一个城市，就像重新谈了一场恋爱。

她的活法从压力最美、工作至上，变成了更加关注轻松和健康。

我的一个女同事，最近终于在30岁之前自己买了一套房。从挑选家具到装修都是她一个人自主决定的，非常爽。

想起我从买房子到装修的每一步都要跟老公进行比《奇葩说》总决赛还激烈的辩论，我就后悔得牙痒痒，恨不得回到未嫁时再买一套房过瘾。

然而半年前，这个同事还在喊着："房子一定要留给未来的老公买，万一他不喜欢怎么办？"

她也换了一种活法，从只盼望未知的感情到更关注自在的自我。

让这些人改变的驱动力到底是什么？

我想，最大的可能就是，他们因此感受到了自由选择的乐趣。

我们中的绝大部分人是经过九年制义务教育，把叛逆的劣根性给连根拔除的普通人。我们从读小学开始就规规矩矩坐在教室里面，会背圆周率小数点后20位，也会做鸡兔同笼应用题。但是就是没有人教过我们，怎么样去做一个自由的选择。

到底怎样选择适合自己的活法呢？那真是一个复杂的哲学问题，幸好它还是有方法论的。

今天，作为一个换了几种活法的职场精英（请原谅我的不自量力），我就免费将它分享给你吧。

1. 不要绝对化"好"与"坏"

工作这么多年，我觉得世界上最美好的地方在于你总可以在别人窃笑你的时候，窃笑一下别人。

假如生活清贫简单，必然是少背KPI（关键绩效指标）。好和坏没有标准，自己觉得舒服的活法才是最好的。

比如我就是这样一个死不要脸的人，已经胖得连续一年零五个月超过140斤了，还是在桌面铺满了零食。

每一个减肥成功的同事都会对我循循善诱："要减肥首先不能吃零食。"

连我妈都看不过去了，每天给我转发好几条"控制不住体重，就控制不了人生""你的体重出卖了你的自律"之类严肃认真的思想指导。

于是我只好乖乖听了他们的话，自律了两分钟不吃零食，然后又买了两大包回来放在桌面上。

我深信，胖一点总有它的好处，起码脂肪层比较厚，摔倒的时候屁股没那么疼。

一个人的活法如人饮水，冷暖自知，他人的眼光有什么好介意的呢？

2. 列出你要做的事，然后画掉它

"列出你要做的事，然后画掉它"。这句话不是我说的，是巴菲特说的。老爷子的意思是：做减法，才有机会聚焦在最重要的事情上。

就像我，绝对就是这样一根筋去面对选择的人。

前段时间，胖了那么久的我良心发现，跑去了健身房想请一个私教教练。那个健身房的经理摆了一溜照片给我选，我当场就控制不住自己了，视线就没离开过照片上的八块腹肌。

经理很耐心地跟我解释："这个呢，经验很好；那个呢，时间很多；还有这个是国家级认证的……"

我也开始犹豫犯难了，这么多，该怎么选呢？

于是，我当场把自己最核心的需求排了个序，然后笑眯眯地跟客户经理说："我还是要八块腹肌的那个。"

你看，我的活法很简单也很聚焦：只要对方好看，我什么都可以迁就。

3. 活法是经历摸索出来的，折腾几次也无妨

我有一个旅游达人朋友。一般人想去潜水，都去泰国啊、菲律宾啊，高级点的去个斐济岛就很了不起了。她与

众不同，去帕劳，我上网一搜，连这个机场目的地都搜了半天。

有一天，她终于在那家朝九晚五的外企待不下去了，彻底辞职做了一个旅行达人。她除了自己玩，还开了个公众号带其他人玩，过得特别爽。

当时我以为她会一直这样爽下去，没想到半年后，她还是回到了原来的公司工作。

她说她经历了离职之后发现，自己还是喜欢规律的生活，旅行可能只不过是自己一时的放纵，但自己心底里喜欢的活法还是稳定。

另一种活法，有时候是我们的期盼，但有时候也有可能是我们对自我的误解。用时间和经历去摸清楚自己内心的想法，其实是更有意义的一件事。

知乎上有一个高赞的问题：为什么有时候觉得活着是一件很累的事情？

其中有一个回答说出了90%的人的内心戏：你拼命地想改变现状，关注着每一个改写命运的机会。但当机会迟迟不来，你会焦虑，还会怀疑人生。

然而，机会是等来的吗？绝对不是！机会是自己选来的。在人生的各个岔路口上，你是自由的。但是连卡夫卡都说：

"自由才是我们迷失的原因。"有时候，限制我们的不是别人，恰恰是我们自己。

一个人最大的成功莫过于清楚自己的意愿，并且自由地按这个意愿安排一生。

目标明确的人，从不抱怨

　　我刚毕业的时候，改过一次行，从一个苦哈哈地做实验、洗试管、实习跑到味精厂的工科女，转行做起和本来的专业八竿子打不着的审计业务。当时我还自我安慰说，改行是因为我有能力。然而到今天我才明白，那并不是能力，那真的只不过是巧合。

　　大公司挑人都是流程化的，就像商品一件件地走在流水线上，面试官拿着检查表一项一项地打勾。学校、英语、表达、应变、逻辑……这些词语的组合，我都侥幸过了关，然而，离一个真正合格的职场人，还差很远很远。

有意思的是，一个人往往不愿意听别人的教诲，总要用痛到锥心刺骨的教训来懂得更多的道理。

十年过去了，第一份工作教会我的道理，至今还让我受益匪浅。

1. 抱怨这两个字，杀死了多少人的明天

世界上有多少个职场新人，就有多少个不服输的少年。

刚出来工作的人都会觉得，我985、211大学毕业，是学霸，是未来的马云、张一鸣，宇宙那么大，怎么就没有伯乐发现我？为什么那个龇牙咧嘴的上司整天教训我？几乎每换一份工作，我都会听到同事抱怨——抱怨工作内容、抱怨上司、抱怨公司。

但带着嘲讽意味的怨言，通常只会显得你很差劲。因为，一个人一旦心生怨恨，通常都不会很客观地去复盘事实本身。

要知道，无论你受到了赞誉还是指责，一件事是做成了还是做砸了，最终能有所裨益，不是因为你骂了甲方或者无能队友，而是因为你客观地复盘了。

抱怨这件事情花时间暂且不说，更多的是消耗了你内心去审视、修正、重新起航的力量。一旦你开始抱怨，你的胸膛里燃烧的不再是向上生长的小火苗，而是针对某人、某事、某现象的戾气，那种戾气足以毁掉你本来单纯、简洁、高效的执

行力。

要么忍，要么滚，不要做那些无谓的负能量传播者。简单如你并不知道，同事表面笑嘻嘻地听你诉苦，扭头就会把你的微信备注改为"祥林嫂"。

2. 你不是有才华，只是"自以为有才华"

不久前，一个读者给我写邮件，他说：

"我是广州最好的中学之一广雅中学毕业的，接着考进了广州最好的大学之一中山大学，进了最优秀的专业之一中文系。

"本来我一路都很顺，也一直都很优秀，怎么现在就落得个给领导写文书的活儿？我现在每天的工作就是不停起草文件、准备演讲稿、写PPT以及帮领导订餐，真的太倒霉了！

"为什么你一开始就能找到最好的会计事务所的工作，为什么你能跨行业改行？为什么你就那么幸运呢？"

我跟他说了一个从于小戈那里看到的故事。

曾经有个创业者想找徐小平投资，所以不停在微博上找他，给他发BP（商业计划书），但是徐小平每次都明确地拒绝他。

他并没有因此放弃，跑去每一个徐小平做演讲的会场，拿着BP一次次地递给徐小平。徐小平被逼急了，严肃地跟他说："你再这么骚扰我，我就告你！"

结果呢，这个男生消失了一段时间。不久之后，他又出现在徐小平的演讲会场，还没等徐小平发火，就捧着一盒水饺对他说："您要不给我15分钟，尝尝这个水饺，如果不好吃，我就再也不来骚扰您啦。"

结果，这个一而再、再而三地坚持着的人，最终拿到了徐小平的投资，成了"小恒水饺"的创始人。

这个世界，幸运从来都是别人的，而自己手里的牌总是烂牌。殊不知，那些打出了王炸的人只不过是一直不停地在摸牌，从不轻言放弃。

同样只是帮领导起草演讲稿和文件，阿里巴巴的卫哲从秘书开始做到副总裁只用了3年。那些能够发光的人，不管用什么方式，总会想方设法让自己熠熠生辉。

"怀才不遇"这四个字，从来不过是弱者的借口，是那种既眼红别人又不敢放手一搏的人的安慰剂。

3. 你要知道自己要什么，老天爷才能帮你

刚出来工作的人，总是喜欢提及两个字：迷茫。

甚至你总是在想，自己是不是就是那个"25岁就死了，75

岁才埋葬"的人。

为什么每一天都是重复的？为什么这破工作那么无聊？为什么一眼就能看到人生的尽头？你也许不相信，一切都是因为你不敢想而已。

只要你想做个主管，就真的只能做个主管；你希望做个经理，甚至希望做个总经理，就真的最后能做到这个位置上。没有不可能，就怕你不敢。

目标到底有多重要呢？我先给你讲一个故事。

费罗伦丝·查德威克是第一个横渡英吉利海峡的女生。然而，1952年7月4日，因为天上飘着浓雾，她游到一半就感觉又累、又冷、又麻。

在浓雾里面，她看不到终点在哪里，她的母亲在另外一只小船上面给她加油，说"就差一点点了，你坚持一下"，她却实在无法做到。

就这样，生平第一次，她游不过英吉利海峡，直接结束了这次挑战。然而，她放弃的那一刻，离终点只剩下半英里了。

正因为看不到目标，某一瞬间你退缩了，就永远地失去了机会。

山田本一是一个相反的案例。

他是日本著名的马拉松运动员，曾两次夺得世界冠军。大家都不知道他到底凭着什么获得冠军的。

十年之后，山田本一自传中揭开了谜底：每次比赛之前，他都要乘车把比赛的路线仔细地看一遍，并把沿途比较醒目的标志画下来，比如第一个标志是银行，第二个标志是一棵古怪的大树，第三个标志是一座高楼……

比赛开始后，他就以最快的速度奋力地向第一个目标冲去。到达第一个目标后，他又以同样的速度向第二个目标冲去。

四十多公里的赛程被他分解成几段，跑起来就轻松多了。

本质上，给自己定的小目标，就是我们的指南针。

目标感强的那些人，更容易取得阶段性的成功；连自己都不知道自己想要什么的人，根本没有资格问老天爷要什么。

4. 靠谱两个字，就是你的生命

这些年带的团队多了，我也时不时跟其他做自媒体的同行讨论：到底你最害怕带怎样的人？

基本上，众口一词：不靠谱。

何谓"不靠谱"？说到底，就是不尊重每一个承诺。

你们满心欢喜确认的任何一件事，都会觉得那是一个黑洞——毫无反馈，毫无沟通，到最后毫无结果。这样的行事方式，差不多就相当于欺骗。

　　我的第一份工作在一家项目制公司，公司不要求写周报月报，也不要求每天打卡。但是，你必须言出必行。经理给的deadline（截止日）如果延后了也不沟通，你得到的结果就是没有口碑。因为你欺骗了别人，别人也没有理由再相信你。

　　长此以往，整个公司的人就会对你很不友好。比如说，升迁轮不到你，好项目轮不到你，甚至连年会上合照你也要靠边站。最后，到了公司收缩裁员的一刻，你就只能排在第一位。

　　用行为欺骗别人的信任，最终不信任必然会加倍地还在你身上。

　　职场上，谁都不是天生的幸运儿。刚刚启航的时候，你的梦想也许很渺小、很苍白，也很脆弱，你还会不断经历被否定、被套路、被嘲笑的困境。然而，从这么艰难的状态一步步走向心目中的成功，其实就需要很简单的两点要素：找目标，坚持；不抱怨，复盘。

　　即使被堵住了10000条路，你都要相信，凭着这两点，能摸出第10001条。

每个想赚钱的人，都有"赌性"

我最为珍惜的身份是面试官。

这几年，因为做面试官，我听了各种曲折的故事，见过各种有特殊印记的人。

印象中最令我哭笑不得的一次，是一个七分像李易峰的帅哥跟我说："你不用考虑录取我了，我就是听说你们前台长得很漂亮，来验证一下。"

你们想象不到我用了多少力气才控制住自己别说出那句话："要不和我合个影再走。"

我也在和别人的交谈中，从年轻人身上学到了几种很珍贵的特质：尽责、自省、不认输。

有一些特别困难的事情，我感觉他们讲出来特别轻描淡写。但是我听着，就觉得自己平时遇到的那些破事，真的是弱爆了。

1. 一个"富二代"的蛰伏

我面试过一个名副其实的富二代，他老爹是连锁药店的老板。面试的时候我心里想着，他一定是跟他敬爱的董事长爸爸吵架了吧？出来不过是走走过场吧？

那个长得特别壮实的富二代却说，他是真心的，很想得到这份工作。他说这些话的时候眼睛里闪闪发亮的分明就是真诚。

他打小就被送去英国读书。他爹绝对是个苦熬过来的富一代，所以要穷养自己的孩子，只给他最低保障的生活费，其他让他自己解决。所以他课余时间就在一家"Fish & Chips"（炸鱼和薯条）店帮别人做账，有时候店老板有事也让他来帮忙看店。外国这种小店都是一个人包揽所有工作：做炸鱼、做汉堡，还要收钱、擦桌子、张罗客人，反正就是四只手也不够用。然后，他还要做账。

第一次看店的时候，客人特别多，但因为操作不熟，煎汉堡的机器很烫，他烫到了手，炸鱼、薯条、汉堡因为手一痛全掉了，撒了一地。那个客人赶时间，立马暴躁地跳起来指着他的鼻子一顿狂骂，血气方刚的他气不过，一下子就跟客人打起来了。结果，他还没来得及给烫伤的手上药，就被拉到了警察局。

他清楚地记得，那是圣诞节的前几天，外面是繁华的霓虹闪烁，关押室里是孤单无助的他。

这么落寞的一刻，他脑子里想着的居然不是埋怨老爹、埋怨老板、埋怨命运，而是："天哪！我还没做好这个月的账！"说到这儿，他自己都笑了。

"职责"两个字可是时时刻刻都藏在心里的，这个小伙子真的给我诠释了什么叫"尽职尽责"。

回国之后，他坚决拒绝做老爹公司的CEO（首席执行官），因为觉得老爹公司那帮老家伙太没意思了。他的理想是从底层做起，积累经验，将来自己开一家互联网公司，做得比老爹强。

我看着这个带着炸鱼味的富二代，扪心自问道："我们那么努力，想要的难道仅仅是钱吗？我们更在意的，难道不是完成一件事的快乐，以及自主掌握命运的自由吗？"

2. 一个浪子的内心和解

坐在我面前的师兄，西装革履。我和他之间不算是正式的面试，算是介绍人面谈。我怎么也看不出他是个浪子，更想不到他在巴基斯坦工作过两年，那时候最高拿过年薪200万。

"那都是拿命去换的，不过我那时候没那么在乎命。"他倒是很淡然。

他在巴基斯坦的工作很轻松：每天两小时核查业务，两小时出巡，做完就可以回来喂喂鸭子种种菜。关键是他不用再对着家里不理解自己、只懂得去相亲角为自己结婚助力的父母。

有一次，他们部门想去团建吃顿饭，他的助理订了一家星级酒店。但是本来想订的那天没有位置了，只好推迟了一天。这一天，仿若一生。

因为就在他们原来想订位置的那个晚上，一辆炸弹汽车停到了酒店旁边。轰的一声巨响后，酒店被炸掉了半边。他和整个部门的人就这样阴错阳差逃过了一劫。

然而他接触了很久的一位供应商老板当晚在那个酒店吃饭，这位老板很不幸遇难了。那个据说跟这个老板关系很差、从不露面的老板儿子，哽咽着出现在丧礼上致辞。老板儿子最后那句话他记得很清楚："真正的亲人，只有死去之后才活过来，活在我们的心里面。"

供应商的儿子说完，一个大老爷们攥着拳头，哭得青筋毕露。而师兄，在那一刻终于与自己和解。他意识到，真正的亲人不应该在死去的时候才能活过来。他们应该活在有儿、有孙、有天伦之乐的时光里。

那两年他在巴基斯坦遇到了各种各样的困难，吃喝住用上各种不便都不值一提，最大的困难莫过于克服对死亡的恐惧。比如上班路上经过的汽车，在他走过之后半小时内爆炸；比如他亲眼看着武装分子押着几个人质上了车，之后就在新闻里看到了他们身亡的消息。然而，这些困难都未能促使他回家与父母和解。最后，却没想到是因为一场爆炸、一个丧礼、一句话，才结束了他长达两年的内心挣扎。

他尽量用轻松的语气说完他的故事，最后说了一句："我现在只想谋得一份安宁。"

我想，谁不是一生都在谋求一份安宁？只不过内心的安宁真的不是别人给的、工作给的抑或自己给的，而是经历给的、磨难给的、曾经的大起大落给的。

以后别人跟我谈起什么商界的起落和大彻大悟的时候，我都会想起这个师兄，他的经历才是真正的大彻大悟。

3. 一个被送养的女儿

还有一次，我见了一个眼睛会笑的女孩子，她看着你的时候，你会感受到一种纯真而坚定的力量。

她生在农村，却凭着一己之力，硬是考上了北京的一所重点大学；她毕业后还靠上下班路上的时间自学CPA（注册会计师），一年就考成了，然后应聘到一家很大的会计师事务所，做两年就成了骨干。

其实那段时间她是很苦的。她在很冷的冬天还住在北京的地下室，啃着热气腾腾的烤红薯就把题库给刷了；她每天上下班横穿半个北京，足足要花三四个小时，但她在车上就把CPA的书翻烂了。

她还有两个弟弟、两个姐姐，是最不幸的第三个女儿。小时候，她被送到别人家寄养了几年，最后好不容易才被接回父母身边。

我问她："是什么力量，让你能够克服那么多困难，考过中国最难考的财会考试CPA？"

她说，那是因为她想留在大城市，自由地做自己想成为的人。

也许，那一段被送养的经历，让不安全感从小根植在她的心里。但幸运的是，同时根植在她心里的，是一个出身低微的姑娘天生的踏实乐观。

我觉得，要是一定要拿她和文章开头的那个富二代相比，他们本质上都是一样的。他们之间的阶层可能隔着十万八千里，但是骨子里，她跟他一样，有梦想，要自由。一旦一个人有了那么点羞于启齿的梦想，就有了软肋，也有了铠甲。

如果说他俩终究有什么不同，也许这个姑娘，因为被命运苛待过，所以更懂得敬畏命运。

有人说，人一旦有了欲望，就成了命运的赌徒。我倒不这么想。每一个来面试的人都有欲望，每一个想赚钱的人都有赌性。但这何尝不是因为人一辈子的三次成长呢——

第一次成长，是在意识到自己不是世界中心的时候；

第二次成长，是在明白了努力也并没有什么用的时候；

第三次成长，是在明知道努力也没用，但还是竭尽全力的时候。

最踏实的人生，是竭力去赌一次，然后淡然地接受任何结局。

裸辞，一场得与失的博弈

裸辞，不管表面上的理由是什么，让一个人能忍无可忍立刻放弃目前工作的原因，大概只有这几个：钱没够、学不到、委屈多、太累了。

裸辞的一瞬间，虽然是你胸腔中情绪的大爆发，但是你真的理智地思考过辞职的根本原因吗？

1. 裸辞的过程，像一场修行

我想起了6年前的客户老蔡。他当时是A股某个房地产集团的高管，是一个幽默又欢脱的男生。

他也是从做审计的底层小兵入行，跳出审计行业之后跑到房地产客户公司里面当财务，就这样，一干就是5年，做到了业务投资方向。

由于我俩的经历相似，我特别想知道他是怎么下定决心，从高薪有趣的审计行当离职的。

他点了一根烟，烟雾缭绕中眼神有点迷离，开始讲述那段似乎让他难受得不愿回想的过去。

当时，他在事务所连续5天通宵，120个小时估计只睡了20个小时。在最后一天的清晨，他提交了报告后竟然睡不着，就跑去大街上走走。

走啊，走啊，他发现了散发着烟火气的早餐摊，买了两个煎饼馃子；走啊，走啊，他发现了神清气爽在晨练的人们，跟他们打了个招呼；走啊，走啊，他发现世界上原来有阳光，有清风，有花花草草，有市井的气息……

他掰着手指头数了数，自己多久没有感受过世界上是有太阳的了？结果他发现十个手指头乘以十个脚指头都不够！

每天，他都是为了工作把自己关在一个空调房里面，脑子里根本没有日夜之分，偶尔在烟草的混沌味道中睡几小时，又立刻起来坐在堆成山一样的底稿中苦战。

他在生活中常常遇到的是下班时已经是漆黑一片的凌晨，在马路边打不到车，只好像行尸走肉那样晃荡回酒店。

那个突然放空的清晨，他觉得这样的日子也是够了，于是下定决心立马回去递交了辞职书。

裸辞之后的头30天，他主要就做了一件事——睡觉。什么都不想，只管吃饱睡好，他轻轻松松爬上了满足感的巅峰。但是，30天之后可能睡够了，他瞬间就焦虑起来。

这30天他也偶尔去投投简历，但是没有收到一个回复。看看自己的存款，严格控制每日预算的话，他也许还能活100天。但到第101天，他兴许就只能吃馒头了。

不过他也不死心，发挥审计师的专长，把家里的衣服都找出来审了个遍，收获了衣袋存款足足350.7元。

将家里资产都查遍之后，他决定开始去想怎么包装自己的形象。350.7元钱正好去买一件新衣服，可以随时准备着面试需要。

因为每天没啥事干，他也开始研究以往特别想学的Excel里宏的编写，将乱七八糟的会计准则、税务条例认真研究了一遍，然后又买了很多与企业管理、资本关系、IPO流程等相关的书籍回来好好啃了一遍。

他说，那一段日子，最深的感触是：自由，又不自由。

自由是在时间控制上的，他不再为任何的人任何的指令劳心费力；不自由是在经济情况上的，他一天比一天不安。

幸好不到100天，他终于收到了现在所在公司的offer。

其实，贸然裸辞是在没准备的情况下走入失业者的行列，他面对的最大困难不仅仅是没钱，更可怕的是看不见未来的曙光。他裸辞的整个心路历程，就像僧人修行一段苦行，却不知尽头在何方。

听到这里我深深地感慨："**所谓的自由，是指你已经有能力去选择自己的生活。而裸辞那一刻，如果你还没有这能力，那么你注定要和焦灼和恐慌为伍。**"

2. 裸辞之前，你要问自己3个问题

裸辞，在你要义无反顾地做这件事情之前，先问自己几个问题：

（1）我辞职是不是一时之气？

老实说，很多人裸辞时是没有好好思考过自己的初心的。如果这个企业一无是处，相信你也不会去应聘。既然你应聘了，进入了，也做了好一段时间了，到底是什么促使你的初心发生了变化？

估计更多的原因是，走着走着，你就有很多的欲望，初心已经变了。

可能，你刚开始接受offer的时候，仅仅是因为收入好。接下来做一段时间，可能你的要求越来越多，除了好收入，你还想要好福利、要工作和生活的平衡、要工作能有成就感、要上升空间，等等。

但回过头来看一下，你要先想想，自己当初想要的东西还在不在？

如果这个公司还有你想获得的东西，你就不应该为了一点小的不顺利而放弃。

（2）我裸辞后可以干什么？

你裸辞时自然是不知道自己下一家是做什么的。也许你根本就不打算找工作，从此踏入自由职业者的大门。你可以不清楚未来的具体行当，但是不能盲目而无所事事。

无所事事只会让你深陷到能力滑坡的深渊。

你想清楚自己可以做什么，更深层的含义是分析自己"擅长什么"和"喜欢什么"。

人最幸福的事就是能做自己喜欢并且擅长的工作；其次是喜欢但不擅长的工作，但是估计没有人事部会为这种简历买单；再次是做自己擅长但不喜欢的工作，这样可以在人才市场上获得比较好的价格，但是你也许又会回到不开心的老路上。当然，不擅长和不喜欢的工作，你就不要去考虑了。

我以前有个同事是一个设计师，裸辞了之后决心自己创业开一个教小朋友画画的小店。这是她既喜欢又擅长的事。虽然好像收入比以前低了，但是她做得得心应手、如鱼得水。

我相信她的裸辞也是经过深刻思考的。

（3）我裸辞的底气在哪里？

这句话说到底就是，请你好好评估一下你的才华，是不是撑得起你的野心。

你要很好地观察一下职业市场的动向和要求，最好是到各个职业网站上自习研读"职位描述"，把各种类别单位的要求吃透了——这些别人要求的能力你是不是拥有？各种能力你是不是达到了要求？

如果你对这些都了然于胸，而且都能应对自如，那你的核心竞争力就永远跟着你。

我们能裸辞，但原因不该是"实在受不了"，而是"走了也饿不死"。

3. 裸辞，就是一次得与失的博弈

我们找一份工作，其实是在找一份安全感。

我们有了工作，生活就后顾无忧，但是往往也并不自由。想要遵从内心做一些个性的事情，代价就是你失去了保护。

你会失去平台的保护。以前你查个数据，只需要到公司内网动动鼠标，现在离开公司了，可能要自己付费才能找到需要

的资料；以前只要找财务就能报销，找行政就能采购，找人事就能招聘，以后你也许什么都要自己来。

你也会失去平台带给你的人脉。"人脉"这两个字是带着一定功利性的，代表了一种资源的互换和互利。如果失去了平台的名望，也许你真的就是默默无闻的小兵。

我们都是平凡人，千万不要太相信那些媒体口中"辞职，旅行，回来依然好运"的个案。以上这些问题，你都问清楚了，再坚定有力地按那个"辞职信"的回车键吧。

就像马云说的："要不就辞职不干，要不就闭嘴不言。"

财商养成 第三步

聪明布局，
"躺赚"收益

你离赚钱，差一点不忘初心的努力

最近收到一个读者的留言，我感慨良多，她在留言里说："二十多年前，我爸千辛万苦从农村考到城市，在城市安家落户。结果最近老家拆迁，我爸的姐姐拿到了近400万拆迁补偿款。我爸要崩溃了，在城市里吃那么多苦买的房现在不到100万，还不如待在农村，这会儿分分钟几百万到手，利用杠杆和80％的优惠能买下一套1000万的房子。真的，这些天，我们全家心态都崩了，感觉之前的苦白吃了……"

姑娘的愤懑，隔着屏幕我都能感受到。

看上去，有时候选择的确大于努力。甚至你生活得再用力，也跑赢不了人家天降的运气。

但我真想抱一抱这个姑娘，然后给她讲一个真实的故事，希望她能看清楚，"选择比努力更重要"的后半句——"选择从来都对，错的是时间太短"。

毕业那年，读工业设计的师兄张彬和老李一起进了一个设计院，每个月工资3000元。

和老李这样的"专业狂人"不一样，张彬进设计院的时候就立定心志，纯粹是捞点经验，主要目的是积累项目、拓展人脉、认识领导。

两年后，张彬果然带着项目在外面成立了自己的公司，很快就拿到了百万级别的融资，让我们好生羡慕。当时我就想："果然是选择大于努力啊！"

老李设计能力再好，也不过是一流的知识分子而已。懂得职业规划的张彬纵然是三流的知识分子，却能做到一流的商业巨子。

15年过去了，身边的人来来去去，老李一直坚持做设计，工资涨到了8000元。

我们当中不少朋友劝他，要不改行吧，这工作太苦、太闷、太穷。还有不少人拿张彬来给他说事，说要是当初他也跳出去自己干，现在公司估值都可能过亿了。

在所有人眼里，似乎这两个人一摆在一起，就胜负立分。然而老李云淡风轻，依然在别人开宝马的时候骑着共享单车，坚持做最认真、最极致的设计。

在广州，我们偶尔也一起吃饭，他每次出现都是那么朴素，带着读书人淡泊不争的书卷气，爱吃最便宜的"牛三星"，每次都嚼得津津有味。

谁也没料到，毕业十五周年聚会那天，一向默默无闻的老李发了个炸弹式的朋友圈：一个项目被选上了国家奖项，他拿了一个合作企业上千万的奖金。

瞬间，我感到一种由衷的骄傲——一个坚持自己初心的人，终于等到了属于自己的那个巅峰。

在这件事里面，张彬可以说是一个全面发展的人：75分的专业能力、75分的业务能力和75分的管理能力。他选择了走商业道路，走得也是风生水起；老李却很清楚自己是个100分专业能力、30分业务能力和0分管理能力的人，只能选比别人慢一点的路。

最难得的是他的坚定和坚守。

选择是比努力更重要，但是判断对和错的时间一定要足够长。不一定是选择不对，可能只是时间太短。

1. 每一个岔路口，怎么选都能遇到对的人生

斯坦福大学曾经有一节高达9000美元单价的课程，叫作设计思考，就是教你如何在人生的每一个岔路口规划好走向。

即使是这样，课程的创始人发现，学生们在生活中依然会有无数问题出现。也就是说，在一个人所有选择都"正确"的情况下，生活依然没有统一的成功模式。

什么是所谓"对的路"，其实真的是没有定义的。

十多年前，我读了四年的工科，毕业时拿了好几个offer。其中有小城镇的，有大城市的，有一眼望到老死都很安逸的，也有根本不知道未来有什么仗要打的。

最终，我忍痛放弃了高薪厚禄的中国移动，选择了自己完全不熟悉的审计行当。4年工科学习的内容算是还给老师了，我从此走上一条专业完全不对口，只能靠自己重新摸索的路。

这个选择让我在度过了一个月试用期之后就摇摆了。因为我身边都是211、985大学毕业的精英，大部分是读了四年会计专业，早就把财务报表倒背如流的。

而我呢，一张白纸，一脸茫然，别人热情洋溢地用英文论述着审计原理的时候，我只能躲在角落里尽量不让经理看

见我。

甚至在不久之后我就听说，接替我offer进中国移动的同学都已经月收入过万了。当时真的恨不得时光倒流，我恨透了自己这个错误的选择！

痛悔、不甘、嫉妒瞬间吞噬了年轻的我。经过一万次激烈的思想斗争之后，我还是选择了坚持在原地，一做就是八年。

没有人知道，我在这八年里，在多少同事都弃考CPA的情况下加班到深夜，只躺几个小时就打开书，静静做题到天亮；别人用四年大学时光学习过的东西，我要用十二小时工作以外的时间来认真补。

别人游刃有余，我却只能相信勤能补拙，能追一步，就是一步。

时光倏然而过，这八年的努力真的无声滋润了我。

无论是我的专业能力、商业理解能力还是沟通技巧，都因为每一个勤勉的深夜而有了充足的积累。

现在，我在中国移动工作的朋友们，有的成了总经理，有的自己开公司，都掌握着丰富的资源和人脉，过得很滋润。而我，也成了一名CFO，走着一条虽然不一样，但也并不差的路。

这真的证明，人生无论怎么规划，其实都是对的。

每一个岔路口，你怎么选都能遇到对的人生。对与不对，有时只是在于选择之后，你的努力到底是不是真的够。

2. 选项从来没变，变的是你的初心

辞职、逃跑、离婚……放弃现在的生活状态去远方，似乎是每一个都市人心中都会涌起很多次的欲望。

但选择容易，守初心难。

几乎没有人逃得过被生活蹂躏得毫无反抗之力后的痛悔。无论是备受工作压力的普通小白领，还是承受资本重压的创业者，抑或是在最容易失望和放弃的普通婚姻里挣扎的夫妻……在现实的洪流里，有一句直指人心的质问："既然要换，为什么当初要选？"

是啊，脚下走的那条路，不就是我们曾经在岔路口清醒思考过的吗？为什么到今天会如此厌恶？

可见，改变的不是选项，改变的是人心。

我猜，这篇文章一开头提到的那个姑娘一家，虽然失去了在农村拿拆迁补偿款的机会，但是在大城市，一定得到了更丰富的经历、更便利的生活、更多的机会和人脉、更精彩的人生。

看过更大的世界，本身就是生命的一种恩赐。就像尼采说

的："每一个不曾起舞的日子，都是对生命的辜负。"

　　人生其实永远不存在唯一最优解。选择也从来不会亏待任何人。选择比努力更重要的后半句应该是，只要努力过，就配得起当初的选择！

提升核心竞争力，才有机会"躺赚"

最近我跟一个做私募基金的朋友喝茶，她问："小维，你最近在做什么呀？"

我说："我在做理财老师啊。每天写稿都快成写稿机器了。"

她神秘一笑："难怪大家都说，做知识付费的都是穷人啊！"

我不服了："我可不穷啊，好歹还买得起你的私募基金呢。"

她哈哈笑了，一边倒茶一边道歉："我可不是说你穷啊，而是说,做培训老师最大的缺点就是永远做不到'躺赚'这件事。"

她真是,一语惊醒梦中人。

1. 任劳任怨兢兢业业,真不算是褒义词

我想起了那个著名的"管道的故事"。

1801年,两个年轻人布鲁诺和柏波罗接到同样的任务,把河里的水运到村广场的蓄水池。

其中,布鲁诺勤奋得要命,天天用水桶提水,还在计算着怎样的路线才能更快。

柏波罗呢,这家伙不提水不说,反而埋头在地上挖沟渠。

开始的时候,布鲁诺领到了很高的工资,时不时还躺在吊床上嘲笑没有收入的柏波罗。

直到两年之后,布鲁诺惊呆了——柏波罗开凿的沟渠可以源源不断地给村子里供水,而布鲁诺和他的水桶可以彻底下岗了。

这个故事是不是有点励志剧的味道?但任劳任怨、兢兢业业、埋头苦干在这个年代还真不算是褒义词。

就如《穷爸爸富爸爸》这本书所言:"努力工作,只是试图用暂时的办法,来解决长期的问题。"

金光闪闪的"努力"两个字,到今天,必须加一个前提:

假如你只是努力提桶，那是毫无意义；只有努力修渠道，才可能真的修成正果。

2."躺赚"第一步，积累你单一方向的复利

我有个做小说阅读的朋友阿古，他的小说生意已经做到了1000万现金流级别了。

回想当初，我们还是在同一起跑线上的人。他是另一个公众号媒介投放的运营，加班加得热火朝天，情绪却丧到了极点。因为，他没办法左右内容团队写什么，更没有能耐左右整个团队的战略方向。那个不挣钱的号，一直在错误的定位上挣扎、徘徊，直至走向死亡。

一个偶然的机会，他发现了阅读这个生意，既可以脱离对KOL（意见领袖）的依赖，复购率也高，同时客单价也很不错，稍微给点优惠，用户单次充值起码都在50元以上。于是他一心一意研究小说阅读的各种数据。半年前，他干脆选择离职，自己出来创业。

经过一轮轮的试错、摸索和煎熬，他做的平台终于跑出了流水，现在正在谈新一轮的融资，据说估值已经数千万。

复盘他整条创业和发展的路径，其实很大一部分得益于他原来钻研了五年的运营经验。

小说阅读的运营，也是一个营销闭环——用户画像、营销

触达、活跃用户、鼓励付费的整个循环。而他在正职中积累的运营经验，就是他创业不可或缺的基础。

　　也许当初的他并不知道，他积累的每一条人脉，分析的每一版数据，拓展的每一个渠道都是日后走向财务自由的阶梯。

　　他从一开始，就在往一个方向上积蓄着力量。直到有一天，力量满格，终于能爆发成属于他自己的事业线。

　　其实，每一个人在同一方向所做的每一件事，永远都不会浪费。你专注积累带来的复利，可能会迟到，但是永远不会缺席。

　　有一个公式，可以清晰地告诉我们，复利是怎样改变世界的。

1.01的法则　$1.01^{365}=37.8$
若是勤勉努力，最终会成为很大的力量。

0.99的法则　$0.99^{365}=0.03$
相反地，稍微偷懒的话，终究会失去实力。

---

3. "躺赚"第二步，在核心环节上打败99%的对手

　　现在是一个"个体崛起"的时代。也就是说，每一个人，

只要你够专业，本事够独特，都可以当老板。

我之前参加训练营认识的一个小伙伴，已经离职出来成立了一家专门运营社群的工作室。

我之前真的不知道，原来社群运营还会有那么多步骤：辨识生命周期，用户分层，社群活跃战术要分三四个层级，对销售的转化计算也会精确到小时。

我正看得眼花缭乱的时候，她告诉我，这都不算什么。他们的长处是，能帮你把社群运营人员带起来，做到经验复制、优化、移植。

有一个宝妈社群，就是通过复制经验，建立200多个号，找了几十个客服，拉了5000多个群，把年生意额直接做到了1亿。

你看，"拓展、移植"是群运营这件事的核心本领。把握了这个重点的人，通通把社群运营做到了极致。

我这段时间与一个课程平台合作，刚刚认识他们的时候，他们只有两三个文案人员。最近我一看，厉害了，文案人员已经增加到二十多个。来一个实习生，啥事都别干，第一件事就是练习写文案。

为什么要花这么多的本钱去做文案这件事呢？无非是因为，这是拉动课程销售的核心环节。

我自己也是一个半路出家的文案，深知一篇好文案和一篇烂文案拉动的销售的差异。所以，这个平台早就看准了这个核心环节，无论花多少心血，都要把这块长板打造得最长。

大前研一曾经说："专业是让我们声名远播的方式。"

名副其实的专业人士，到最后都是最任性的。因为，他们都已经在自己的核心竞争力上做到了Top 1（第一名）。

你看，巴菲特这么专业的投资家，跟他吃顿饭要300多万美元，不仅如此，还要拍卖！竞拍者手速慢点都吃不上。

什么是真正的财务自由？就是你的核心竞争力，已经超过了99%的同行；就是你已经把你的长板，优化到同品类里面无人替代。

4. "躺赚"第三步，自由不容易，关键是传承

我曾经认识一个专业的写手，他一年为各大公众号写了上千篇文章，玩转80多个杂志社，一年的稿费超过20万元。

他荣登了写手的顶峰，拿到了无数的奖项，怎么看都是一个励志鸡汤文的原型。但是，无论他多么妙笔生花，始终还是一个写手，请注意，是"一个"写手。

我设想，如果他培养的是一个写手团队，那他的团队创造的价值可以是年利润上千万的级别。而他可能根本就不用写

了，直接成为团队接单的总指挥，然而他没有。

这里面最大的差异是传承的能力、复制的速度、团队的互补。

顶级的团队应该是，爱谁谁，离了谁都行。单打独斗已经几乎不可能在一个时代获得胜利。

马云已经宣告了辞职，准备去完成当一名老师的心愿。京东却离不开刘强东，创始人个人遇到了麻烦事，企业的股票也会受到牵连。

离得开的马云和离不开的刘强东，这证明了什么？证明了，自由不容易，关键是传承。

我发现，这几年，大家的人生关键词突然变成了"穷"。一线城市的房租暴涨了20%，高峰期打车不加价是天方夜谭，叫个外卖不领券就痛悔一整天……

你哪怕拿着5～6位数的年薪，到年底还是发现自己用6位数的密码保护着2位数的余额。

为什么？很可能是因为，你是个勤奋的提桶者，而不是躺赚的管道工。

最后，我讲一个扎心的笑话。

有个人去算命，算命先生说"你40岁以前会很穷"，他问："那我40岁以后就会发财了吗？"算命先生说："不，你40岁以后就习惯了。"

希望你在40岁之前，尽快成为躺赚的管道工。

和你共勉。

一直上进的人，才配得上百万年薪

最近，我很认真地采访了那些年薪百万的朋友们，他们都不是老板，真的是"薪水"百万，没有写公众号，也没有做微商。

我发现这些年薪百万的人都有六条特质。哪六条？长得胖，老得快，皱纹多，头发白，压力大，没时间呗！

我想这时候的你一定吐了一口老血，看见这六条，即使给你一百万也要绕道走啊。你心里一定不服气，年薪百万的人不是应该是西装革履、奔驰出入、谈笑万亿、黑卡在手的霸道总裁、空中飞人吗？

很遗憾地告诉你，这些都是电视剧里面摆造型用的。我身边蛮多年薪百万的人，多数因为拼命工作，没时间休息，压力过大而有了最上面那六条特征。

然而，他们都高度一致地觉得：值！因为年薪百万不过是个数字，最大的快乐在于冲向这个数字的过程。在这个过程中，他们的眼界不断扩大，人生不断成长。

总结起来，他们跑向年薪百万的姿势都长成这样。你们赶紧用放大镜认真打量一下自己，鉴别一下自己是不是这个物种。

1. 惊人的钝感力

钝感力是什么？那就是你眼里只有工作目标，目标之外的都是小事。

比如什么同事给你穿小鞋啊、凶猛的领导总是拍桌子骂人啊、同事抢了你几天辛苦的功劳啊、别人总是闲着你总是加班啊……这些小事，他们通通都置之脑后。

年薪百万的人没空也没闲心去掺和办公室政治，更加没有眼泪额度可以浪费在办公室里头。他们心里装的都是关于工作需求的内容；老板如果有一天愿意用大发雷霆来表示对结果的不满意，他们第一反应不是解释和推脱，反而可能一拍大腿说："太好了，谢谢您提醒了我该怎么做！"然后，他们又吭哧吭哧地去把工作做得更出色。

听下来，这类人简直就是一台不知疲倦的永动机。其实，年薪百万的人大多数还是个人，而不是机器，内心也有怨气和委屈。只是他们很容易屏蔽掉这些没有价值的信息，而更愿意去感受最有价值的信息。

没有意义的信息一律忘掉。最优秀的钝感力，都是用来创造价值的。

2. 一眼看透本质

我刚开始工作的时候，有一次，大老板过来听我们一个项目的阶段性陈述，我非常重视这次表现的机会，准备了三十多页PPT（幻灯片），一个小时的演讲时间。

结果到我讲的时候，不到三分钟就被大老板打断了。他问我："你讲了那么多，无非就是想说，你的项目要加钱？"

噢，果然是见多识广的老板，没错，我三十多页PPT的最后一页，总结陈词三个字：要加钱。而当时我只讲到了第三页。

我为我自己的啰唆和老板的一眼看透本质汗颜。难怪《教父》里有一句经典的话："能够一秒内看透本质的人，和半辈子看不清本质的人，命运自然是不一样的。"

3. 永远处于学习状态中

我以前有一个女强人上司，是一个香港人。人家是香港人却偏偏跑来内地考全世界最难考的注册会计师，简直是到家门口来抢饭碗！

女强人已经做到了老板级别，事情都不用亲自做了，但从来不会对自己的专业领域有所放松。我听她说，她只要不考试不学习，就蔫了……

为什么我们这些平凡人，只要看见"考试"两个字反而就蔫了呢？！差距！这就是差距！

在我认识她的时候，她已经考了美国、澳大利亚、英国以及中国香港、中国澳门等国家和地区的注册会计师。

对于她来说，大陆的注册会计师证照考得很吃力，因为首先要学写简体字。然而，她能够做到，甚至比我还早就考过了。

自从认识了她，我才知道，什么叫作比你厉害的人比你还努力。怪不得她当时年薪百万，而我只有她的十分之一。

4. 强到变态的执行力

我跟一个做自媒体的朋友吃饭，她说有一次深夜十一点后吩咐她家助理第二天做什么事情，本来没想着要求助理当晚做的，只是怕自己忘记提前交代。没想到，她的助理在当晚就神速做好了，而且还给她做了两个方案。她当场就决定了，要给助理加薪！

这个案例是我见过的对执行力最简洁的诠释。

执行力，就是说做就做。为什么世界上这么多人希望自己进阶，也觉得自己尽力了，但还是始终原地踏步呢？90%的区别，就是在执行力上。

今天立下的目标，明天就只记得韩剧、偶像和"今天吃什么"了，到后天任务都记不起细节了，那组织还能指望你什么？没有执行力的人只能永远处于待淘汰名单里。

年薪百万的那批人，自带全自动24小时不断电自我打鸡血功能：有目标，立马兴奋得摩拳擦掌；有闪念，就极速拆解执行，一分钟都舍不得耽搁。

5. 站在今天，预知明天

环顾四周，年薪百万的人基本上是金融、房地产、互联网、证券、咨询、销售这些行当的。他们全都是闷声赚大钱，有的是高技术，有的是高门槛。

在一个利润率只够个位数、增长率几乎为零的行业，哪怕跳到最顶级的公司，你可能也不能有多少薪水的提升。有时候高薪靠的并不是运气，而是你选择的勇气。天花板决定了你的高度。

很多人会觉得很委屈："赛道又不是我选的，行当是毕业时由专业决定的。我哪有什么选择权？"事实上，你有。你只是没在该转身的时候潇洒走掉。

我有个朋友在一家传统行业的公司做了好几年。公司利润和增长率还过得去，但最大的问题是重资产。

因为重资产，公司每年都把大量的利润投入买各种机器设备，在人身上的投资自然是少。看到了这个本质，她已经可以预知自己将来的薪水天花板极低，毅然离开。

她离开之后，转了行，开始拿的工资比原来少了一半。但是因为选了轻资产行业，一下就做爆发了。后来公司上市，她拿了1000万元的期权，轻轻松松买了两套房。但是，又有多少人能像她这么决绝和先知？

预知未来，不在于你有多聪明，而在于你有多大勇气。

6. 复盘，复盘，复盘！

有一个很奇怪的现象，牛人一般不是天才。天才很多时候死在了自傲的路上。

比如"初唐四杰"的王勃，六岁的我们还在玩积木，他就可以写文章了！然而，他因为不会复盘，得罪了高宗皇帝，又得罪了其他权贵，两次遭贬。

真正的牛人，更多时候做的反而是最笨的事情：总结、复盘、找规律。

二十多年前，有一个做技术的小伙子特别内向，作为华人到了一个世界级的美国软件公司工作。但是他很细心地发现，所有能够获得升迁的中国人，都很会跟美国高管打交道。于是他为了获得更多的机会，开始约各种美国管理层吃午饭，扩大自己的交际圈。

之后，他发现华人在这个公司一般有"玻璃天花板"，必须增加自己在华人圈的影响力才有资源可以依靠。于是他频繁奔走于高等院校和研究机构，改变自己害羞的性格，进行了五十多场演讲。最终，他成功地打造了他的个人品牌，成为了非常著名的IT创业导师。他的名字叫李开复。

所以牛人思维是什么？那就是没有什么改变不了的，只要我愿意。

最后，我想为"年薪百万"这四个字再次正名。有的人看不起年薪百万，觉得那是一种愿意待在"打工"角色里匍匐不前、看着透明天花板不愿突破的心态，但是我想说：追求稳定并且为之努力付出也是一种人生状态。

本来，创业还是打工，就是一种个人选择。选择拿"薪"，依然可以尽心尽力，让自己的价值和薪水对等。毕竟，人生如逆水行舟，只有一直进步的人才能一直配得上年薪百万。

这个世界没有永远的年薪百万，却有永远的价值对等。

高配人生源于竭尽全力的努力

我家楼下的理发店，曾经有一个剪一次头发可以得10000元的小哥。我们暂且叫他"大师兄"吧。

大师兄的师弟剪个头只需38元。

师弟以崇拜的口吻跟我聊了很多关于他师兄的事情。比如说：他现在在大连开了一家高档理发店，剪发必须预约，每次4888元。有北京的土豪要请师兄去剪发，不但给他包往返机票，还额外给他10000元。

我饶有兴趣地问起，这个师兄到底是怎么发家的。

原来，大师兄来自三线城市，在这家理发店的时候也就是个小小的店长。

和大多数普通的打工族一样，大师兄只能跟人合租十平方米的农民房，吃没肉的盒饭，每天站十几个小时给人理发，累得腰酸背痛。

至于他做到现在这么牛的秘诀，师弟毫不犹豫地回答："用心、玩命。没别的。"

大师兄当时把自己所有的工资都掏出来——5万多块——全部用来报名参加了知名理发大师的授课班。

他深知，只有接近大神才有机会提升手艺。

在这种授课班里他也就是个"小透明"，于是他只能绞尽脑汁混进大师班级的微信群。每次大师一出现，他就很积极地在群里互动，还很热心地参与群里的管理工作。

渐渐地，大师记住了他，每次授课的时候还专门给他开小灶。

他紧紧地抓住这些珍贵的机会，学一次就回去店里拼命抢客户单子来练习。

当时他每天连续工作十二个小时以上，一天从不带坐的，其他理发师都觉得他疯了。

吃饭？大师兄自从开始了赚钱大计之后，字典里就再也没有这个词。有时候，他找着客人做头发的间隙随便扒两口饭；有时候，饭放了三四个小时了，清洁阿姨以为是垃圾给他倒了，他也不知道。

晚上十一点，店里关门，他就在网上订购一堆假发回十平方米的小屋练；早上，师弟推开他宿舍门，找不到他，原来他埋在头发堆里歪着头睡着了。所谓"变态"，也不过如此吧。

往上走的路就是这样，很陡很难。但是一旦你咬着牙迈过了某一个坎，接下来所有发展都升阶了。

自从大师兄学成归来之后，他慢慢地因为手艺好，在行业里的名气也逐渐成了本区的Top 1，很多有名的大师傅愿意收他为弟子。有一个香港的大造型师当时就愿意破格把大师兄揽为关门弟子。

但是，学来的技巧，不过是成功的手段。

真正让人钦佩的，是他依然不改"用心"二字。

每次做头发他绝对只做一个人，不会同时兼顾两个客户，能赚再多的钱也不会成为他牺牲质量的理由；他会定期回访客户，给他们介绍最新的发型趋势；给女客户做完头发，还不忘送人家一个焗油护理——反正，他就是跟一般的发型总监不一样，从来不会劝客户办卡充值，只会让客户自动自觉地来咨询，有没有机会帮他办卡充值。

他现在开的理发店，就是根据客人的意见，全店做了新风系统。整个理发店清新得没有一丝一毫的药水味。

给我剪发的师弟到他店里参观完也惊呆了："我还没见过那么干净的理发店！"

正因为对客人真正用心，不少企业家都是他的回头客。

师弟说："以前师兄拉我进一些大师群，我是不去的，觉得浪费时间。他叫我多买假发回去练，我也是懒得去做。现在我终于看到自己和他到底有多大的差距。"

是的，差距就是，大师兄标价2888元的时候，小师弟还是标价38元。

常常有读者问我："为什么我已经那么努力了，还是没法升迁？"

还有声音不停地呼喊："这个世界阶级固化，底层的人再奋斗也没希望。"

事实上，这些人真的没希望吗？更多时候，我们常常是用所谓的"努力"感动自己。

立志要考GRE（美国研究生入学考试资格考试），看两页书就去玩游戏，到了十二点继续看书到一点；发誓要减肥，去健身房跑两圈然后又去吃烤串……这些事情真的比比皆是。

努力到哪个点上才算是真的努力？我认为是有结果的那一点。

我们投资的一个项目的老板凯文，跟我讲过一个特别值得深思的案例。

他创业伊始，公司没有钱请特别贵的人，于是请了一个立志要改行、但毫无经验的商务经理。面试的时候，那个女孩子一脸斗志昂扬、热血沸腾："我一定会珍惜老板你给我的机会，努力跟您共进退。"

凯文被她深深地感动了，以为至少请到了一个特别有主动性的人，但是这位"超燃"的商务经理自从入职以来就没有主动去挖掘过一个新客户，而且一旦下班别想指望她接听老板的电话。

后来凯文问她不去挖掘新客户的原因，这个女孩子终于体现了她和产品的"共进退"："老板，我觉得你家产品做得还不够好，我努力也没什么用。"她的确"为了理想付出了一切"——付足了上班的八小时在等盼咐上。

后来，凯文实在看不过去，给她指了一条明路："你可以挖掘一下竞品的客户在哪里，一个一个地区联络吧。"

一周过去了，两周过去了，反馈等于零。凯文以为她接受安排时听力出了问题，一问才知道那位商务经理觉得这种陌生拜访的方法太像卖保险了，根本就没有动手去做。这时候凯文才发现，这个看起来很燃的人只是理想很燃，一落到实际行动就熄火。

能不能做出结果，有没有拼尽全力，那不重要，八小时内她没有亏待老板，而且都怪产品不够好。我想，这就是大部分人立志拼搏，但始终没拼出成绩来的原因。

你可以有底线、有保留但安慰自己这是在奋斗；你可以从不犯错也从不玩命死磕；你可以很有理想，同时还愉悦地享受着准时下班和周末……但是，你通常做的都是无用功。

真正把你自己逼上梁山的努力，除了花时间，还要找方向。真正用了心的事情上，从来就不会用过借口。很多时候，我们的确可以做到无愧于心就行——做一个"差不多先生"，凡事不犯错，也做有保留的努力。反正事业是老板的，你就是个打工仔。

但是有选择的人都不傻：一个企业家给得起一万块请一个理发师的时候，他自然要请最好的；一个公司要在众多员工中提拔人才的时候，自然要选最优秀的。

谈理想现在都被斥责太鸡汤，那我们只谈赚钱和机会。真正赚大钱的机会，永远只会降临在那些用心和玩命的人身上。**没有真正竭尽全力，就别指望拥有高配的人生。**

"不安分"的努力，才有可能财务自由

1.33岁身家过亿的"铁娘子"，突然得了抑郁症

你猜猜，一个人从普通人奋斗到身家过亿的企业家，什么时候最不开心？答案竟然是公司终于成功上市的时候。

之前孙圈圈（移动学习品牌"圈外同学"创始人兼CEO）来广州搞了个活动，邀请了她的投资人到现场分享经验。这个投资人就是"教育板块第一妖股"全通教育的前CEO——汪凌。

在现场，汪凌女士毫不避讳地谈及了自己的抑郁症病史。

从大学毕业那一刻起，这个"铁娘子"就果断地立下了"决不进体制"的决心。她先是找了一家小公司当起了总经理助理。很快，她被全通教育的老板相中，成为核心团队成员之一。

在十年开拓业务的过程中，她每天都高强度工作。熬夜、加班、出差、没周末都是家常便饭。

她和每个咬牙坚持的普通人一样，动力就是等公司上市了，自己就可以无忧无虑地读书、休闲、陪老公。

最终，她拿到867万的原始股权，每股上市价格30元，全通教育还一度成为了"教育板块妖股"，每股价格蹿升到460多块钱。

可以说，只跳过一次槽就找到了一家公司，一直做到财务自由，这样的人生是万中无一的人生，这样的人是妥妥的人生赢家。

然而，当公司越来越大，每一件事的决策都推进得特别慢，每一个部门之间的协调都变得特别困难。她越来越感觉，这种安稳、重复和舒适的状态会把自己的能力消磨殆尽。

在担忧和不安中，她渐渐得了抑郁症，最后不得不去医院找心理医生。

后来，她选择离职，自己做投资人，找到更广阔的发挥天地，才重新变得神采奕奕。

我感慨，对于天生不甘懒散的人，舒适不是一种供养，而是一种折磨。

原来，对于能走到财务自由的人来说，自由并不是安稳，而是生活中始终有一个一睁眼就能为之"燃爆"的支点。

2. 混日子的感觉，很恐慌

我认真地听着她分享这段戏剧性的经历，想起自己的故事。

我之前也在某大公司待过，福利真的超级好，时薪也是相当高。毕竟每天泡茶、聊天、上网，在和其他部门的扯皮邮件折腾中，我就可以轻轻松松度过一天。然而，自己创造了什么价值？每天有什么进步？我一个字也说不上来。

当时我每天的工作要点就是不要犯错，如果非要再说一个，就是明知道是对的，也别说，因为我不要得罪人。

在这样一种环境下，我突然觉得人生毫无奔头。

每天清晨我睁开眼睛，脑子里面空空荡荡的，只有无尽头的回邮件、批OA（自动化办公）和中午吃什么。

大公司的稳定和体制内的安全是一样的感觉。

我渐渐在重复的工作中，失去了对外界的敏感度——没时间思考，没空间创造，甚至渐渐被同化成一个只知道偷懒、请假和谈八卦的员工——我曾经一度最讨厌的人。

虽然不怎么加班，我整颗心却累得筋疲力尽。有时候深夜刷完剧，想想自己又荒废了一天，我会有一种很梦幻的恐慌感。

不知道这种状态再持续下去，我会不会变成一个废人？我的时间耗在这样的一个看似安稳的大平台，到35岁以后被淘汰，还有什么还手之力？

思考了很长时间，我决定离开那个人人艳羡的大公司，一路打拼了好几年，做到了一家中型企业的CFO。

这一步转身并不舒坦。我的任何一个不成熟的决定，都有可能连累同伴，甚至让自己遭遇巨大的失败。

幸而，在一个更复杂也更艰难的天地里，我见识了更多大格局的人，看见了更宽广的世界。

最近我又遇到了那个大公司的老同事，她说领导已经混日子到完全不理事的地步了。她这几年来的状态，可以说是原地踏步，要不是为了照顾孩子，早就走了。

我劝她："如果你的心并不安分，照顾孩子就不再是一个理由。那完全可以通过外聘保姆等方式解决的。"

一个人一生应该至少有一次，为了自己那点羞于启齿的梦

想，做一个冒风险的决定。

3. 当稳定毁掉你时，根本不会说抱歉

我们为什么不能贪恋稳定的状态？

因为，世界本身就是极度不稳定的。互联网时代，科技进步的速度已经远远超出了老一代人的想象。

七年前，我还拿着一部爱立信手机，嘲笑着苹果手机哪有多好用，甚至跟身边的朋友夸下海口：我是无论如何也不会去买智能手机的。到了今天，被生活啪啪打脸，我真的为自己这种短浅的目光感到羞愧。

春节开工的时候，我跟两个医疗界创业的朋友聊天。他们告诉我，现在细胞3D打印的技术已经可以把人体器官打印出来，这些器官以后都可以通过医疗手段替换；甚至人的脑部可以植入芯片，只要在脑子里想一个词，芯片直接就好像百度那样给你搜索一个答案。

这真是我以前完全连想都不敢想的世界，人的寿命可以不断延长，科技的极限在不断拓宽……

前段时间我参加了阿何老师（培训师、作家、顾问）的一个讲师课程。他提及，现在很多大咖讲师的声音，已经不一定是那个大咖本身发出的声音。

语音模仿技术，也就是一种人工智能技术，已经可以实现在采集一个人的朗读片段录音之后，自动把一段预先输入的文稿使用那个人的声音输出，出来的结果有90％相似，普通人根本听不出区别。

当我还很诧异地听着这个新奇的技术时，阿何老师补了一刀："这个技术现在都很成熟了，你们难道还不知道吗？"

我突然感觉到一种莫名的不安。机器替代人这个趋势明摆着是不可逆的，人的能力在变化面前，只会显得越来越渺小。你可以安于现状，止步不前，但时代真的不会永远等你。

当"稳定"毁掉你的时候，还真的不会跟你说一声抱歉。

4. 不安分的人生状态，才更有话语权

不久前，我在马路边打车，赶时间要去参加一个会议。司机听说我要去一个比较远的地方，竟然要求不打表，一段只需要60块车费的路程喊价120块。

要是在打车软件诞生之前，赶时间的情况下，面对这种强势的加价我只能委屈接受。但是现在，我帅气地扭头就走了。因为用打车软件，只要多给几块钱调度费，我一定能打到出租车。

在互联网时代，一切价格都是透明的。不但商品价格无法隐瞒，人力价格、服务价格都完全可以标准化，甚至连加价的

机制都是透明的。

你说这时候，一个不够优质的、不能和时代同步的、能力始终维持在平庸水平的人，他的人力价格怎么可能会提高？

当更年轻、更肯学还更便宜的"小鲜肉"出现的时候，一个有选择余地的单位，凭什么要挑选你？

人生的压力，永远是避无可避的。

稳定本来就不属于任何人。

中国移动的短信业务，以前可以说是称王称霸，但在微信占领天下的今天呢？

在短视频领域，"快手"已经很了不起了，但在"抖音"横空出世的今天呢？

电商还没垂直细分时，淘宝简直一统天下，但在消费升级、朋友圈也能卖货的今天呢？

所谓变化的残酷在于：你还没来得及庆祝短暂的成功，那个你一度看不起的对手，已经轻巧地越过了你。

我的好朋友作者清风徐来曾经说过一个有趣的"成功概率论"：如果一件事的成功率是1%，意味着失败率是99%。我们反复尝试100次，失败率就是99%的100次方，约等于37%，最后我们的成功率应该是100%减去37%，即63%。

一件事倘若被反复尝试，成功率可以由1%奇迹般地上升到不可思议的63%。

是的，你只有不安分地尝试100次，升华100次，复盘100次，才有可能获得更稳定的63%的赢面。

剩下的37%的可能，我们依然需要挣扎着、折腾着去战胜。

这也许才是这个时代关于"稳定"最妥帖的定义：你不安分的人生状态，才更有自由的话语权。

一味加班，不叫努力

　　有一次，我跟一群以前的"四大"同事聚会。聊起以前特别拼的琳达同学，我问："她从来都那么努力，凡事做到100分，离开后应该过得很不错吧？"

　　跟琳达特别熟的朋友说："她？最近才因为心脏问题进了一趟ICU（重症加强护理病房）。"

　　我乍一听，感觉挺惊讶的。我不知道多重的病才会让一个人进ICU，但是琳达是年轻的，才30岁出头，这样年纪的人应该跟这种重病离得很远才是，我突然感觉到一种莫名的恐惧。

琳达怎么就进了ICU呢？

跟她特别熟悉的朋友说："加班。她天天加班，天天加到凌晨2点后。"

我想起自己之前在事务所也跟琳达共事过，为了一份报告，她可以稳稳地坐在办公室，从清早8点一直到半夜12点，对着电脑动也没动过，一整天就靠早上"早有预料"地带来的一袋面包过活。

这个女生，还一度是我佩服的对象，努力、尽责、肯干，那是同事给她的标签。

"不知道她的病情到底怎么样了？"我继续关心地问。

朋友叹了口气说：

"唉，她说，病的时候倒没觉得难过，最伤心的一刻是，老板只提了两个疑问句：'你为啥要做到这么晚？活该。你都进医院了，能不能先好好把工作交接给小H（她下属）？'"

听完，我本来只是内心涌起恐惧，现在是，背脊上掠过了悲凉。

人在生活中往往很容易有一个错觉：我疯狂地给老板卖命，就能得到晋升、金钱和老板的赏识。事实上，我且不说健康比晋升和金钱重要，就光老板的赏识这一点，往往对方关注的不是你有多努力、有多以公司的事为己任，而是，你一旦没了，他能找谁接替着干——现实就是这么凉薄。

拿命换钱的年轻人，往往在拿了钱之后又把它还给了医院，还顺便给下面的人挪了个位。

我想起李开复写的《向死而生》，其中有一段话深深触动了我："我正处在人生最好的时候，我身上还带着经历过苹果、微软和谷歌打磨的光环，投资人对我信赖有加，我在微博拥有五千多万粉丝……一切的一切，几乎可以算得上是完美无缺了！可是，退去光环，我此刻只是一个呼吸之间就会顿失所有的病人。"

看看李开复之前写的书，书名都是《做最好的自己》《与未来同行》《世界因你不同》，一看封面，就知道是打鸡血的书。

直到遇到一场突如其来的淋巴癌，他才开始思考，为什么自己会得这个病?

可能是北京的雾霾，可能是自己每天工作到凌晨三点的习惯，可能是讲求效率造成的极度精神紧张……无论哪一个可能，最终的结果就是，过去没日没夜的拼搏此刻换成了一次又一次跟死亡之间的讨价还价。

在此之前，李开复长期每天只睡五个小时，而且睡得像个婴儿一样。大家别误会了，这不是说他睡得特别香甜，而是睡一阵，起来一阵，收会儿邮件，又回去躺下。这种间歇式睡眠只会一点点瓦解人的健康。

和很多习惯了自虐的工作狂一样，李开复将放空、发呆、散步之类的事情，都看成不可理喻的浪费时间的行为。

然而，没有弹性的人生就像紧绷的橡皮筋，绷着绷着就断了。直到经历极度痛苦的治疗之后，他才发现原来没事去爬爬山，让身体微微出汗，或者跑老远的路从台北去淡水看一场日落，拿手机花一个小时蹲在地上拍毛毛虫，也是蛮有意思的。

直到病了，病入膏肓，他才顿悟：不理性的拼命，表面上是一种无条件的付出，其实骨子里是对名利压榨式的索取。

我们现在喝的"鸡汤"实在是太多了，让我们总是觉得只有拼命一阵才能实现财务自由。

然而，最要命的是，大多数人认为，财务自由就等同于拼了，拼了就等于熬夜工作。

我记得有一次，在微信上跟我的老板和合作方开会，我们提了数个方案都做不到让双方满意。我立马又在会议后做了三个方案给合作方参考，对方依然态度暧昧地说："需要再考虑。"

整个会议无疾而终，我的顶头上司劈头盖脸就扔了一句话："你怎么这么不专业？"

我瞥了一眼电脑屏幕右下角，当时已经是凌晨2点钟。我捂着已经快要痛到裂开的头，开始思考一个深刻的人生终极问题：凌晨2点还在工作，我是为了什么？其实80%的原因，可能都是为了让老板满意，至少让他认可这是一种努力。然而，我得到了吗？很明显我没有。

当你一味不停地付出，这种付出就变成了理所当然。甚至上司一点点的不满意，都会被放大成巨大差错。

再往深层次想想，你这么晚做出来的方案能优秀吗？显然不能。

熬夜去开会、工作、做决定，简直就是一件输了自己也讨好不了世界的事情。

然而这样的事情经历多了，我渐渐发现自己的身体素质极速下降。最明显的就是咳嗽，我一直咳，把肺都要咳出来了，好几个月无法好转，连睡觉都无法入眠。

当一张感染指标已经超过正常指标3倍的诊断报告放到我面前的时候，我终于知道，自己得了肺炎。

医生说："你是累出来的。你不怕死吗？"早几年，我可能还真的会拍着胸脯说"怕什么，爱拼才会赢，吃点药挂点水就好了，别吓唬我"，而现在，人人都知道，这种潇洒无从挥霍。

30岁这道坎上的人，最怕死。

看着走路还是摇摇摆摆的孩子，看着银霜挂满头的父母，我蓦然回首才发现，身后除了他们，空无一人。

写到这里，我鼻子都酸了。在竞争重压中，谁不是像蜗牛一样，背着重重的壳，一步一步往上爬？试问，我们能把壳扔给谁呢？所以，你敢病吗？你敢死吗？

既然不敢，你就只能好好地滚回去，把拿命换来的钱，再拿出来换命。

曾经有心理学家收集了200多个不同人种、教育程度和婚姻状态的人的睡眠报告数据，得出一个结论：晚睡是一种心理补偿。

这不但是一种慢性病，更是一种强迫症。或者说，加班只不过是让这件事显得更有意义的一个给自己的心理出口。

最近，一个移动社交平台发布了《中国网民熬夜报告》：0－3点熬夜不睡的人所从事的行业里面，前五位是公关、媒体、游戏、动漫、投资——基本上是压力大、拼创意、搏灵感的行业。深夜的安宁，是他们自由的翅膀。

这两组数据只说明了：熬夜就像一个死循环。因为没效率，所以不舍得睡，因为不舍得睡，白天更没效率。

李开复在他的书里面也介绍了几种改变熬夜习惯的方法，值得分享给大家：

· 固定作息时间，维持生物钟，到点就绝对不想工作。

· 有规律地去运动。

· 睡前降低房间亮度，哪怕半夜如厕，最好也不要开灯，这样会让褪黑素减少分泌。

· 起床直接照射阳光，唤醒身体机能，形成习惯。

· 不要妄图通过喝酒、吃安眠药来入眠，依赖性会让你痛苦不堪。

当然，这些方法只能说对愿意"刻意练习"的人有用。对于那些始终要翱翔在深夜自由里的灵魂，没有能锁住它们的方法论。

或者，只能靠一次大病、一场ICU的经历、一个伤透心的被漠视的情景，人才能被生活的残酷彻底唤醒。

一个人的身体出现过载的信号，从来都是渐进的，是从模糊到清晰的。从你侥幸地以为是一件小事到最终惊觉，事情已经无可挽回。

我记得以前读大学的时候，考试前总是要复习到很晚，还能出去吃个烤串，喝个汽水，再溜达回出租屋，一点都不觉得累。

现在，我早就有了大学期间渴求的职位头衔、房子和资产，然而如果熬个大夜，身体就像被抽空了一般，抱紧了保温杯也不觉得有任何安全感。

这一切都只说明了：人最大的无奈是，你有本事，但你没有健康去支撑你的本事。

何况，一个人的本事从来都不是通过加班到凌晨来体现的。

我很残酷地说一句："也许只有个别人认为这叫作努力，大部分人会认为，这叫作演绎。尤其是你的老板，也许他还会把这种事情，看成是一种索取。"

所以，我要跟所有奔赴在理想路上的你再啰唆一句："再拼，也请好好珍惜自己。没有一份工作或者一个头衔，值得你用生命去交换。"

财商养成 第四步

扩大交际圈，
从别人身上赚钱

主动寻求优质资源圈

1. 你的小圈子，正在杀死你的努力

刚刚参加工作的时候，公司的人际关系是让我最为难的，因为我所在的公司有好几个小圈子，实在不知道应该加入哪一个。

当时公司有几个阵营，杰妮姐领头的圈子人丁旺盛，她还斥巨资100块请我吃了一顿肯德基；泰格哥领头的圈子立志高远，誓要把杰妮姐的客户都抢过来；最淡定的要数云妮，谁也不跟，平时独来独往，做自己的事，走自己的路……

有一次，作为新人的我跟云妮做了一个项目。

每到中午，其他小圈子的人都各自在自己的群里喊吃饭、聊八卦、约喝茶、怼老板。只有云妮静静的，哪个群也不进。她看见我也是个"闲云野鹤"一般的新人，于是邀请我一起吃饭。

吃饭时，我问云妮："我到底应该怎么融入公司的小圈子？"

她语出惊人啊，到今天我还用小本本记着呢："混错的圈子，不如不混。不然说不定会活生生把你自己的努力杀死。"

我当时懵懂地看着她，她笑着说："以后你就明白了。"

我没明白，而且越看越不明白。因为我看到那些经常背着项目经理在私下拉群聊八卦的同事，基本上没有丢工作，还活得相当轻松。

是的，他们都好好地活着，只是一直混在中低层。他们日复一日地做重复的工作，聊各种聊不完的八卦，工作好像就是他们的一项副业，总是很容易就能完成，更难的似乎是如何在老板来到自己身后之前把聊天窗口关上。

而一直不爱参与这些小圈子的云妮好像挺没有人缘的。她总是接别人最嫌弃的活，貌似过得更加不容易一些。

然而，三年后，云妮跳槽了。她从普通的项目经理，跳到新公司做业务总监，年薪100万，远远超过了当时比她还要早入行的杰妮姐和泰格哥。

我也似乎明白了，三年前云妮的意思其实是，并不是不应该搞好人际关系，而是不该混在和公司利益对立的圈子里。混在这样的人群里，我们一定会分神，一定会抱怨，也一定会传播无谓的负面情绪。

而我上面说的三点，足以让所有的人都觉得你的能力会大打折扣。这里的"所有人"，包括上司，包括同事，包括江湖中的同行，甚至包括你未来想跳槽的东家。

很多年之后，我发现混圈子这件事真的能影响人生。

接近什么样的人，就会走什么样的路。穷人只会教你省钱，牌友只会催你打牌，酒友只会催你干杯，吃货就只能让你继续长胖。

和正确的人混在一个圈会有多大的作用？

中国有个顶级富豪商会：华夏同学会。同学会里面有马云、马化腾、李彦宏、刘永好、王健林等大佬。

"三聚氰胺"事件后，蒙牛董事长牛根生为了防止蒙牛被境外机构恶意收购，当晚向同学会发出资金倡议。

柳传志、俞敏洪、江南春等老大立马送出3亿资金；熟悉境外股市的欧亚平立刻安排操盘手买进蒙牛股票，保证股价不被境外恶意买家操控。混对了圈子就是这么爽，你在这个阶层，就有这个阶层的援手。

这并不能单纯看成是一种功利：这群人在一起，才相互都有资格交换资源。

也许你觉得自己混不进高级的圈子，毕竟圈子不同、难以强融。但实质上，只要你掌握方法，靠近优质的人脉圈子并不是不可能。

（1）你要主动挖掘自己的特殊能力。

我发现，保姆这个人群最容易跟保姆混在一起。

我们楼下的小区里，总有三三两两的保姆围在一起讨论各雇主的性格、家事以及工资。这些只会聚在家长里短圈子里的保姆，注定了一辈子都是保姆。

但是大家都知道的范雨素也是一个保姆，同时也是一个写作爱好者。不做保姆的时间她就去混写作圈子，去北京皮村文学小组学习。由于她把自己特别牛的写作能力发挥出来，最终作品形成了"爆文"，甚至可以和出版圈子产生链接。这都是她自己主动挖掘自我才能的结果。

（2）你要主动寻找愿意领你进优质圈子的贵人。

我曾经关注了一个互联网大神的公众号，文章都是在谈技术，算是比较小众。他提过：有一个粉丝每天都给他的文章赞赏，成功地引起了他的注意。

大神就这样和他在公众号的后台聊，后来加微信聊，最后帮那个粉丝找到了一份很适合的技术工作。

我想，这个粉丝真聪明——他非常成功地找到大神帮他背书，在技术圈必然坐拥更多的机会和人脉。

（3）你要善意助人，随时准备着一切跨界的资源。

我有一个做投资的朋友，有一次在医院看病，善意地帮助旁边打吊针的人喊护士，结果就和那个人熟悉起来。没想到啊，那个人竟然是一个香港归来的技术硕士，在研发一款新产品。

就这样，做投资的朋友以不可置信的天使轮低价入股了这个技术公司，现在赚了至少千万元。

"混圈子"这个事情，有一句俗语可以很清楚地说明：物以类聚，人以群分。大部分人喜欢舒适地私拉各种和工作无关的、让自己好像很快乐的小圈子，讨论吃喝玩乐、抱怨老板，甚至连上厕所都要和同事窃窃私语地牵手一起去。那样的行为，在一个崇尚边界感的职场，只有一种低廉的幼稚感。这样的圈子只会毁了一个本来挺有潜力的人。

好的圈子就像一张邀请卡。它让你结识牛人，鞭策你进步，让你用它换取更加珍贵的人脉网络。坏的圈子就好像煮青蛙的温水，刚开始它让你又暖又舒服；到未来，它却能抹杀掉你的努力。

王小波说得好："假如你什么都不学习，就只能活在现时现世的一个小圈子里，狭窄得很。"

2. 朋友圈呈现时间管理能力

我最近跟一个做高管的朋友聊天。她提起，有的民企宣传新产品、发布招聘信息，居然要求员工转发朋友圈，而且还在公司群里宣告：人事部会登记，不转就扣绩效奖金。

我震惊，现在的公司宣传，都已经到了强迫全员的地步？于是我问她："你的公司呢？"

她说："我们公司没有这种事情。但我会观察，有的员工长期一条都不发，我会认为他对公司的归属感很一般，应该很容易离职。"

事实上，对于她说的话，我在这么多年的管理经验中也是深有体会：从来不发公司宣传材料的同事，的确心里对公司有微词和不满；而不用要求就主动转发的同事，就是那种工作起来特别带劲的人。

我无意评论这两种行为的对错，只是想告诉你一个显而易见的道理：你的朋友圈，暴露了你太多的职场心思。

我经常跟我的老板之间有微信互动，但是从来没有看他发过一条朋友圈。于是有一次，我鼓起勇气问他："您为什么从不发朋友圈呢？"

他哈哈笑了，跟我归纳，发朋友圈的心理需求大概就这几个：

·宣传自己的业务，无论是你写的文，还是你做的产品，又或者是你开的小店；

·发发生活日常，晒旅行照片、晒娃、晒美食之类的；

·心情不好的时候昭告天下：老子受委屈了！心情特别好的时候喜大普奔：老子中奖了！

·转发你认同的文章，根本目的也是塑造自己的形象。

归根结底发朋友圈就是为了两个字：表达。

再深挖起来还有两个字：面子。

"而我没有表达的欲望，又不想挣这种面子，所以不发。"

我惊叹老板的归纳能力真的一流。

我想起《我的前半生》里，唐晶对罗子君抢男友的痛恨，也是通过朋友圈发布的。相关的人、相关的圈子，一下子尽人皆知。作为对罗子君的惩罚，这就是一种明确的表达。

于是我问老板："那您是直接关闭朋友圈吗？"

老板又笑了，不过这次是神秘一笑："没有，我会悄悄关注大家的朋友圈，这给我提供的管理信息量太大了。"

我暗暗吃了一惊。原来，职场上每一个管理者都在暗暗关注着和自己密切相关的战友们的朋友圈。管理者不但能从朋友圈中看出他们爱发什么，还会从朋友圈中获得管理信息。也就是说，你发的每一句话，都可能影响着你的前途。

你的朋友圈，精致、独立、认真、斗志昂扬，给人满满的正能量，上司对你的人格标签很自然就是"值得信赖"。你的圈里全是随意、抱怨、苦闷、营销的信息，有时间的上司也许会找你谈谈心，特别忙的老板也许就看在眼里，记在心底，默默把对你的评价转为"不靠谱"。

不要以为我在危言耸听。我再分享一件真人真事。

我以前工作的公司的行政部门，在年会期间总是特别忙碌。整个部门都团结、紧张、严肃、活泼地布置场地、订购礼品、准备节目。

在那一段时间，我几乎每天晚上能看见整个部门都在没日没夜地加班。然而，不久之后，行政部门的一个主管突然被劝退了。

我问了原因，原来只是因为她在年会准备期间，发了个朋友圈，内容是在看王菲的演唱会。这个朋友圈被她的总监判定为：整个团队基层都在拼命的时候，作为主管的她却潇洒地去和朋友吃大餐、看演唱会，疯狂地用王菲的歌来刷屏——用同事的努力，来换取自己的安逸。她不以身作则就算了，还要晒出自己的快乐来刺激团队，这样的人还能继续留下去吗？

然而，从突然被劝退到离开，这位行政主管完全不知道自己的工作是毁在一条朋友圈上。

我们在人生里，常常会碰到被细节击败的坑，就算踩了进去，也不知不觉。

你可能不知道，你的朋友圈原来是"温故知薪"的地方。它的每一条文字，每一张图片，记录的何止你自己的生活轨迹，更是你的生活重点、人生追求和三观态度。而这些细节，都被看成了你的个人标签，它们可能决定了你薪水的多少，或者决定了你未来薪水的多少。

大部分的我们，都是二十多岁，没有背景、没有家底、没有什么过人的天赋，上司对我们的容忍度没有想象中的大。一个不留神的错误，就会让我们触碰到职场中的高压线。

3. 对谁有意见请直接谈，发朋友圈无济于事

朋友圈除了会暴露你的人生追求，还能呈现你的时间管理能力。

你也许有过这种经验，工作烦闷的时候，压力巨大的瞬间，去茶水间倒杯水的片刻，刷会儿手机吧。结果，你刷了一篇文章，点了几个赞，再跳转到另一篇文章，花十分钟；恰好打开的页面右下角弹出了一个自己喜欢的视频，又看了十分

钟；刚看完，发现自己一直想买的衣服不知道怎么就推送到你面前，在某电商平台打八折，不得了，得赶紧去抢；抢了之后刚想付钱，发现还差二十块就包邮了，是不是再逛会儿再买一件呢……结果，你本来想随意刷五分钟的朋友圈，一刷刷了一个小时。时间就这么被浪费了。

路遥在《早晨从中午开始》一书中写道："人是有惰性的动物，一旦过多地沉湎于温柔之乡，就削弱了重新投入风暴的勇气和力量。"

这话说得实在太戳心了。拖延症的根本原因，就是苦闷的一刻被随性和懒惰岔开，我们沉湎其中不可自拔，直到越走越远，剩下的时间越来越短。

所以，在上班时间刷朋友圈和点赞，在很多人的眼里也不是什么大不了的事。但在忍受你多天交不出工作的领导眼里，却是你时间管理能力严重低下的表现。

别问你的领导是怎么知道你在刷朋友圈的。他可能加了所有你认识的人，你随性动动手指头点的一个赞，分分钟就成了他朋友圈里面的小红点。

在心理学的领域，有一个理论叫"首因效应"。它指的是，一个人对不熟的人产生的"第一印象"，会影响他以后对这个人的评判。这就是现时现世"朋友圈犹如简历"的原因。大部分人不熟悉你的时候，就会去翻一下你的朋友圈，看看你的世界。

所以，《博客天下》前主编熊太行曾一针见血地指出："越来越多的生人出现在朋友圈里，过多暴露自己的生活细节，是很不明智和很不得体的。"

请谨记，朋友圈状态只应有三条：我挺忙，但很好；我很强，且有用；我这人很有趣。

那么，我们是不是要彻底掩饰自己，把自己变成朋友圈里的"演员"呢？并不是。其实，成熟的人可以这样在圈里做一个真实的自己：

（1）有选择地发布自己的生活。

你的生活中可以有娃、有宠物、有运动、有美食、有恩爱。但是你可以选择性地发布，晒娃秀恩爱这些家庭琐事，其实并没有那么多人关心。

不是把生活事无巨细地展示在朋友圈才叫"真实"，选择健康、积极的瞬间发布，也是一个真实的自己啊。

（2）苦闷一刻，请用幽默的方法谈论。

我的朋友圈里，大家熬夜都会说自己熬到哭，压力大就会说要崩溃。但是有一个特别有趣的朋友，他会这样说："最近脑细胞的死亡额度已经占满""我的小心脏，一听到工作两个字就猛跳，一定是最近被吓到了……"这种说法是不是特别有趣？你是不是很想跟他调侃一下？你也可以试试。

有的朋友发圈纯粹是为了抱怨某人，而且奇怪的是，内心还特别希望被抱怨的对象看到。结果，对方的确看到了，那又如何呢？他不会感到内疚，不会和你沟通，反而你的朋友和领导都觉得你是个应该远离的"吐槽王"。

提意见的最佳办法是直接、当面、有效地沟通，否则就算你是对的，在朋友圈的发泄也会降低你的身价。

有一个规律，叫"50%效果定律"。你50%的成就，取决于你的努力，另外一半掌握在他人手里。所以，朋友圈极可能决定了你另外的50%的成就。

从普通走向优秀的上坡路，不仅仅靠努力，有时还要靠你的成熟。

厉害的人，能掌控自己的朋友圈

　　如今的朋友圈，早已改名为"陌生人圈"，秀炫成风，微商遍野。只消你不看几天，真正朋友的信息就会被铺天盖地的广告掩埋掉了。

　　所以，我们经常遇到的无奈情况是，真的有朋友换工作了、有喜事了、生孩子了，你茫然地问："你怎么不告诉我啊？"他反问一句："你怎么没看我朋友圈啊？"

　　是的，这就是碎片化的互联网社交时代的剧变，朋友圈不是一个心情园地，而是需要打理的。

你用得好，朋友圈就是一张你的身份名片；用得不好，它不但只是化成了一个小红点，而且可能会给你的生活带来一些看不见的损失。

我最近跟一个游戏公司老板聊天，听他讲了一个惨痛的教训。

因为这老板是做技术出身的，平时非常不喜欢交际，有时忙得连饭都吃不上；加上看不惯朋友圈里其他营销人吹嘘自己的公司，干脆就把他自己的朋友圈关掉了。后来某一天，他的程序员跟他说："我听说市场上有一个竞品快要上市了！"

因为埋头做事惯了，团队小伙伴的一句提醒并没有让心高气傲的他感觉到竞品的威胁。这个小老板依旧我行我素，并没考虑把项目提速。

两个月后，他的团队制作的游戏要正式推出市场的时候，他们公司的竞品却已经有铺天盖地的广告宣传了。

他的程序员说："你没发现朋友圈早就被这款游戏刷屏了吗？"

他顿时愕然："对哦！朋友圈！"但他早就远离了这个是非之地。

当他重新打开朋友圈的时候才发现，两个月前，有游戏圈的大咖提及最近玩了一款竞品游戏的初级版本，还不错；一个月前，在腾讯工作的前同事在朋友圈说到在测试一款游戏，跟他做的游戏画风非常相似；半个月前，好些目前就职在竞品公司的员工——也都是他的前同事——都转发了这个别人家游戏的宣传海报……

其实，但凡他早点放下傲慢的态度，但凡他嗅觉再敏锐一点，但凡他多留意朋友圈里的动向，但凡他多和身边的朋友们交流一下，势必能运筹帷幄提前安排自己的游戏上线。但结果是，因为他已经失去了先发优势，所以只能再花三个月的时间，重新设计游戏，把游戏升级改版，才得以找到合作方把游戏卖出去。

而他为那个多花费三个月的人员研发成本，支付了一百万元。

朋友圈无非就是个信息圈，但凡信息，都是需要筛选提炼的。如果你一刀切关闭它，那是高冷；但是平时一条不漏，雨露均沾，那是闲得慌。

一个人在朋友圈里面，到底该怎样提炼出对自己有意义的信息呢？

比较有效的方法，是按"150定律"做出选择——

英国牛津大学的人类学家邓巴，提出过一个"150定律"。该定律根据猿猴的智力与社交网络推断出，人类智力允许人类拥有的稳定的社交网络人数是148人，四舍五入大约是150人。

而我们要做的事情，是只筛选出对你最有意义的150人，其余的就可以选择"不看他的朋友圈"。

这才是具备战略高度的懒惰，也是具备高冷姿态的勤奋。

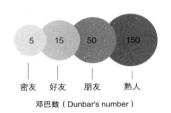

邓巴数（Dunbar's number）

朋友圈除了是信息圈，还是个人名片圈。

我的一个资深猎头朋友跟我说过一句至理名言："背景调查，都是从一个人的朋友圈入手的。"

艾米曾经在科锐等国内大猎头公司工作过，后来跑到企业做HRD（人力资源总监），超级专业，也特别明白背景调查的重要性。

她跟我分享了一次用朋友圈做候选人背景调查的经历。

她开始就翻看了候选人的朋友圈：生活为主，观点不多，但是有一个很明显的亮点，候选人对公司活动做了蛮多的转发。这些行为证明这个人过往以执行为主，思考较少，但对公司也比较忠诚。

后来，在这个候选人的一个帖子的点赞里，艾米发现了一个熟人的身影。这下可好了，她完全可以通过熟人了解一下这个人的为人处世。

听完，我深深觉得，朋友圈一定要慎重对待，平时一定要对陌生人慎重展示。

因为，它能展示的不仅仅是你的人脉，更多的是你的过往。

还有就是，做HR的人都是福尔摩斯。这个"福尔摩斯"还跟我说过："看一个人的朋友圈，基本就知道他拿多少工资。"

这么牛？我认真地把朋友圈浏览了一遍，发现的确如此：执行层的人，朋友圈都是丰富的情绪表达，哀伤的、高兴的、愤怒的、甜蜜的；管理层的人，朋友圈情绪很克制，只有生活的日常，没有议论文，只有记叙文；高管层或者创业者，没有情绪，只有观点，如果没有观点，就是自家的广告。

我们通过一个人的朋友圈，就能知道他的思维高度，他的总结能力，他到底花了多少心思打造自己的社交名片。

我最近认真观察了微信里那些年薪千万的人，他们是这样打造自己朋友圈的——

（1）原创比例高，转发文章，都要带原创的一句话观点；

（2）每条都是观点，偶有情绪；

（3）倾向于分享观点、认知和经验；

（4）看他的朋友圈，就知道他是做什么的，让人印象深刻。

就像我一个做医疗基金的合伙人朋友，他的朋友圈每一条都不离医疗新知。可以说，他的朋友圈就是行业动态之窗。

那些专门做游戏行业投资、资本运作的基金大佬的朋友圈，则每一条不离游戏、并购、IPO（首次公开募股）。他们的朋友圈，更多时候是个人品牌的塑造地。

在现时现世，朋友圈里的朋友越来越少了，这是公开的、让人沮丧的一个事实。然而，沮丧的情绪对人生毫无帮助。

对于不愿接受的事实，接受它、改变它、利用它、优化它的人，才是酷炫的人。

"聪明的人只要掌握自己，便什么都不会失去。"这是尼采说的。

我们要做聪明的人，自己掌控着朋友圈，而不是让朋友圈掌控了我们。

见过世面的人，都这样发脾气

很早之前，我看过一篇报道蔡康永的新闻。对于他的高情商，我何止服气，简直是膜拜。

在金马奖的颁奖现场，主持人调侃了他和"小S"这对拍了电影却没有入围奖项的超级搭档，语气犀利近乎刁难："因为你们这次没入围，所以底下没你们的位置。"

蔡康永一点都不尴尬，反而巧妙地回答道："所以我们是来主持的。"

这是教科书般的"四两拨千斤"，让主持人也有话可以接下去，蔡康永真是会说话的金牌典范了。

正如他后来所说的："情商高并非是指不发脾气，而是要合理地发脾气。舒服地做自己，才能让自己和世界都开心。"

原来，高情商的最高境界，是既不刻意讨好，也不刻意刁难。每一句话，都让彼此如沐春风。

这到底怎样才能做到呢？我最近看了一本书叫《高情商谈判》，那可是哈佛大学的谈判课教授罗杰·费希尔和丹尼尔·夏皮罗花了40年潜心研究的结果，对我们这些凡人特别有启发。

今天我就把书里面高情商的干货分享给大家。

1. 你要学会"利用"情绪，而不是被它利用

你有没有发现，两个人聊天，本来好好的，一旦一方有了愤怒、厌恶、蔑视等负面情绪，另一方一定会像照镜子一样，产生了同样的愤怒、厌恶、蔑视等感受。

事实上，这就是典型的被情绪牵着鼻子走的情形。

在和别人的沟通过程中，我们要做一只嗅觉敏锐的小狗。比如说，女朋友说要买一件衣服，你说太贵了。她沉默了一会儿，嘟着嘴把衣服放下了，嘴里还说着"是有点贵"。如果这时候你不识相，还要加一句"知道贵还不快走"，那你就死定了，等着回家跪键盘吧。

识别情绪是一种能力，高情商的人就是能敏感地识别出情绪，然后尽量化解它，而不是加深它。

像上面的案例，男生就应该一把搂过姑娘说"你那么美，值得更好的"，估计姑娘立马心花怒放，衣服什么的，就算了吧。

2. 没有什么矛盾是一句赏识解决不了的，如果不行，就来两句

人类就是一种爱听好话的动物，任何人听到别人赞美自己，心里都是舒服的。这也是化解所有矛盾的利器。

前面提到的罗杰教授，曾经在格鲁吉亚街头，看上了一个木雕手艺人的半成品木雕，立马就想买下来。

但是那个有性格的手艺人居然不肯卖，原因是他才做到一半，卖掉就体会不到雕刻剩下那一半的乐趣了。

居然有人连生意都不做了，就为了体会乐趣，罗杰有点儿生气，但是他也不愧是哈佛大学情商项目的研究者啊，当场灵机一动就说："你对艺术的追求很棒，但是明天我就要离开这里了。我实在是太仰慕这个作品了，当我离开这里，一定会以买到这个作品为豪的，你就当帮帮忙卖给我？"

就这样，手艺人愉快地接受了他的建议。

你看，拍马屁也是一门手艺，它是有模板的：

（1）先挖掘对方想法中的可取之处（你对艺术的追求很棒）。

（2）讲述自己的情绪和感觉（我太仰慕这个作品了）。

（3）我接下来会做什么（我离开这个地方之后，也会引以为豪）。

接下来，你就等着对方愉快地决定和你的合作吧。

3. 把"我"的世界变成"我们"，什么都好办

把两个人之间的距离迅速拉近，没什么力量比得过"我们是一家人"这一句话。这在心理学上叫作"归属感"。

一旦大家成了同一个集体中的小伙伴，一个人很自然地就会体恤对方，并且不再计较得失。

拉拢关系也是有套路的，最常见的是借助大家的一些相同点，比如：

年龄（"好巧！咱们都是25岁，交个朋友，以后多照应。"）。

职业（"你的老板是不是和我们老板一样，老让周末加班?"）。

家庭（"你朋友圈的孩子好可爱，和我孩子差不多大。"）。

家乡（"我们老家是湖南同一个地方的，以前估计见过面

都不知道呢！"）。

爱好（"哇，你喜欢潜水啊，太巧了！我们夏天一起去吧。"）。

当然，这里还有一些非常有用的小建议：

（1）给别人一点小帮助，让他感觉欠了你；

（2）一起策划一个活动；

（3）尽可能亲自见对方一面，而不是只通过电话微信联系；

（4）间歇性地保持联系。

所以，下次记得跟我说："我们"都爱吃火锅，一起吧！

我保证我绝对会同意的。

4. 坏情绪突然涌上来，用这几招克制它

老实说，我们平时跟别人吵架，很大可能是因为某一句话、某一个词刺激了内心的大红线，负面情绪立马就排山倒海而来，自己都控制不住。

怎样才能晾晾这些坏情绪呢？以下这些实用的方式，能帮你做好控制情绪的一些准备：

（1）慢慢地从0数到10；

（2）连续三次深呼吸，鼻子吸气，嘴巴呼气；

（3）停顿一下，往后坐坐，安静思考一下发火到底对当前

的状况有没有意义；

（4）拿起电话出去打一会儿，分散注意力，顺便思考一下接下来怎么谈；

（5）想象一下阳光海滩、假日森林、交响音乐会……当然如果这些都没用的话，想象一下小龙虾、大闸蟹、烧卖、虾饺、叉烧包……

（6）暂停这个话题，稍后再讨论。

你告诉别人该做什么，那叫指手画脚；让他自己判断，那叫醍醐灌顶。

匈牙利诗人裴多菲说："生命诚可贵，爱情价更高，若为自由故，两者皆可抛。"

你看，人为了自由连爱情和生命这么重要的东西都可以不要，可见得罪人最大的可能，是夺取了别人的自由。

其中，随便评价别人的生活方式，在别人做事的时候指手画脚，都是最大的地雷。

那如果对方真的错了，我们怎么指出来呢？答案是，说点证据，让他自己判断。

《奇葩说》在"单身是贵族还是狗"这一期话题讨论中，有一个选手为了说明"狗"并不是一个贬义词而说道："古人都称呼自己的儿子是'小犬'。"他的意思是，连"小犬"都是谦辞，狗怎么是贬义词呢？

高晓松当场就表示反对了："有人叫自己儿子'小犬'的吗？古人只会说'犬子'啊！"

作为主持人的马东当场先装了一下蒙，过了一会儿，看见高晓松坚持己见，才状若不经意地说了一句："根据考证，古人说'小犬'确实很少见。（这句话让高晓松下了台）《红楼梦》仅在一百一十四回时写到，贾政指着宝玉道：'这是第二小犬，名叫宝玉。'（这句话摆出了正确的答案）所以，你可以叫自己的太太'母犬'。（这句话幽默地提出一个建议，让对方自行决定）"

你看，会说话的人，真的是既让人自省，又不会尴尬，更让观众幽默一笑。

知乎上曾经有一个问题：情商高和虚伪的区别是什么？

其中有一个高赞回答是，关键要看他能否做到"心口合一，内外一致"；关键要看他能否在保证真实的基础上，做到"尊重对方的感受"。

这回答真的说得不要太好！高情商的本质，无非就是理解他人的能力。明知道对方渴求什么，你偏偏批判什么，那不是直率，那是自私。

蔡康永说的一段话特别在理，也送给每一个徘徊在坏情绪边缘不知所措的你："高情商不是万灵丹，提高情商之后，不可能所有的问题都迎刃而解。"

比方说，你提高情商之后，户头里不会忽然就多出了一百万元。

但是，提高情商会顺带着出现很多好处，别人可能更容易理解你的情绪，更喜欢跟你相处。

而我真正在乎的事情是提高情商之后，你可以好好地跟自己相处。

认真克制的礼貌，是交友之道

刘强东曾在接受采访时被问："圈内那么多IT大佬同时掉进水里你会救谁？"

刘强东想了想说："我可能会救雷军，因为他送了我一部小米手机。"

巧的是，百度CEO李彦宏参加了央视节目《开讲啦》。主持人撒贝宁询问李彦宏："如果IT大佬马云、马化腾、刘强东和雷军四个人同时掉水里，你只能救一个，你会救谁？"思考了半天的李彦宏说："会救雷军，因为雷军最近送了我一部小米手机。"

表面看来，小米手机两次救了落水的雷军。本质上，这两段好人缘的结成，无非都因为雷军自己对身边的人有足够的诚意。

这件事，让我想起了最近一个刚刚出来做销售工作的小师弟的抱怨。

前几天，小师弟部门的总监带他出去拜访一个客户。由于是新人，小师弟恭恭敬敬地给客户老总递了名片，但是居然不小心让递出去的名片方向反了，名字向着自己。就这么小的事情，却让老总当场脸都黑了。

回来之后，部门总监狠狠地把小师弟教育了一番，并且把他的年终奖绩效扣掉了一大半。

小师弟差点就当场崩溃了。这递名片的小小失误就影响了他当年的年终奖，他怎么也想不通。

我虽然同情小师弟，但是打心底里赞同总监的做法。毕竟递名片和送小米手机一样，代表着一个人交往时的诚意。

人际交往有几个非常重要的原则，都可以从递名片这件小事中窥见一斑。我这几年也是深有体会，今天就来认认真真聊一聊。

1. 人际交往，无非就是"互为镜像"

我曾经认识一个做基金的高级合伙人，手头管着的基金总额超过20亿。

这样的一个人，来我们公司拜访的时候竟然穿着白色T恤和牛仔裤，跟我平时见他穿着高级西装打着领带的样子太不一样了。

我问他："为什么你穿得那么有活力？"

他说："我是专门在机场买的T恤和牛仔裤。"

因为上一站见的客户是传统行业的，他穿的本来是以往的高定西装，就是领子和袖子都特别精致的那种。他感觉这和我们互联网公司的风格特别不搭，所以就在机场买了一套便装。

我听着对他肃然起敬。毕竟我平时见到的一些客户，不要说专门为了配合公司的风格改一套着装，很多都是来到我们公司后才临时乱翻名片；或者好不容易翻到了名片，随手递出去。

每次看着那见面之时数分钟的尴尬翻找，我就知道，我们在对方心中地位一定不高。如果不是，那就是这个人待人接物有点随意。

事实上，人际交往没有什么高深的诀窍，无非就是"互为镜像"。只有你重视别人，别人才能重视你。

央视《敦煌》总导演周兵曾经提过一件令他印象非常深刻的事情：1995年，他跟白岩松采访国宝级的大师季羡林。当时季老已经是一位85岁的老人了，看见他们两个进门，连忙笑容可掬地站起来迎接，嘴里还念着："有失远迎啊！"

白岩松怕季老不认得自己，连忙掏出自己的名片递出去。这时候，季老竟立马弯腰，对着白岩松抬起双手准备接名片。

他们采访完离开的时候，季老亲自把大家送出家门，目送大家走远了才回到屋里去。

周兵感慨，季羡林果然是大师级人物，几个小小的动作，教养和对他人的尊重显露无遗。

有时候人和人之间的区别就是几个动作那么简单。你猜不透自己为什么得罪人，事实上不过是因为关键的时候不走心。

2. 有效的社交，必须对号认人

我有一次参加一个基金公司的年度会议，很多投资人在现场互相交换名片，彼此认识。

一般来说，这种场合都是有相识的人引见才比较好。但是，会场中有一个小伙子，可能有较大的业务压力，机械地对着每一个人发名片，见一个派一个，倒是很有礼貌。

我看见对方这么有诚意，也给他送上了自己的名片。他收到了我的名片后，并没有任何区分性的动作，甚至连我的名字都没有念一遍，就把名片收到兜里面了。

我们匆匆聊了两句就擦肩而过，他马上又开始了下一个派名片的动作。

看到这个孩子我真的有点忧心。他虽然做业务很勤奋，也很努力去社交场合认识人，但是所做的一切动作基本上是"无效社交"。

接别人名片的时候，有一个非常重要的原则：最好轻声念出对方的姓名、公司和职称，并且顺势和对方握手。眼神保持注视和尊重，面带微笑。

凡是这么做的人，我基本上记住了他，他也记住了我。这样至少不至于交换了名片之后彼此还是没印象，转身再见了也山水不再相逢。

我见过不少的陌生交往场合结束后，现场留下一堆忘记带走的名片的情形。老实说，现在的社会，就算互相加了微信也未必能搭上话，仅仅留下一张名片，别人怎么可能记得住你？

陌生拜访的首要交往原则，就是让对方认得你，而不是让他拿着你的名片。

美国的凯伦·伯格写过一本书叫作《如何实现有效

社交——做一个高段位的沟通者》，里面提出了一个叫作
"WIIFM"表格的方法，即"What is it for me？"（这对我
而言有什么意义？）。从效率角度出发，这个表格提出有效社
交要有三部分内容：

· 沟通对象的"姓名"。

· 对方遇到了什么"障碍"。

· 什么能激发他的"动力"。

开口之前，厘清思路，换位思考，可能比你派出一张名片
更加有效。

3. 礼貌这件事，是人性里最认真的"克制"

我记得在我从事第一份工作时，首先要在"四大"里接受
培训，社交礼仪是我们要学习的第一课。

老师跟我们讲的是："递名片应该讲究先后，晚辈先向长
辈、下级先向上级、男士先向女士递出名片；如果在人较多的
情况下，我们应当遵循由近及远的原则。"

当时我记得很清楚，有个同事举手问，递个名片为什么要
有那么多讲究？老师毫不犹豫地回应："因为礼貌，是一种认
真的克制。"这句话一直印在我的心中，直到现在。

在这个互联网信息四通八达的时代，"礼貌"两个字对

我们来说仿佛已经越来越陌生了。随便拿别人的缺点开玩笑，口无遮拦，不拘小节，随意谩骂似乎成为了一种常态。

我们都知道，某个大 V 最喜欢自嘲自己矮和胖，但是，她在公众号两周年的推文里讲了一段话，让人甚为动容："有一次，有一个认识的人邀请我去演讲，他邀请我很多次，我实在不好意思拒绝。我认真准备了一个月，做了很多调查，搞了一个行业洞察类的 PPT，现场效果果然很不错，大家都笑得很开心。结果当天晚上我就傻眼了。原来在场一些营销号，抓拍了我的现场照，回去就发微博说：原来她长这么丑。坦白地说，当时真的蛮委屈的。那种感觉就是，你认真对待一件事，最后换来一句：你长得真丑。"

我不知道当时那些在场的人都是什么素质的人，听了别人的分享，没有半分谢意，只有低俗的八卦式的恶意。

你要知道，别人拿自己的缺点开玩笑，那叫幽默；你拿别人的缺点开玩笑，开的还是毫无善意的玩笑，那叫缺德。

廖一梅说过："克制是尊严和教养的表现，而软弱的人则总是屈从于欲望。"

我只能说，那些在人际交往时由着自己性子的人，无非是个不自律的小孩子。

递个名片这么简单的事情里，藏着你对规则遵守的意愿，藏着你克制的礼貌，更藏着你待人接物的成熟。

人缘好的人，像雷军，并不需要用什么阿谀奉承的谄媚手段，只用恰到好处的诚意礼物就得到了两个同行的好感。因为人际关系，无非就是彼此得益，彼此兼顾。如果不是双赢，一段关系根本没有办法长久。

而真诚、尊重和礼貌，就是换回真诚、尊重和礼貌的唯一手段。

从最讨厌的人身上学到最多

　　我的一个朋友问我："你的朋友圈，为什么从来不屏蔽或者拉黑别人？"

　　我哭笑不得，拉黑和屏蔽居然成了朋友圈的标配。其实，我并不是不烦那些老发广告的人，但不屏蔽只是因为：我不想放过任何一个可能给我正能量的人，哪怕他是一个微商。

　　实际上，所有的嫉妒、愤懑和不甘，无非就是因为你不会发现别人的闪光点。那些能够在朋友圈里秀炫晒的人，为什么能过得比你漂亮？为什么人家买得起法拉利而你还是开着奥迪？为什么他们能有优越感？光是研究这些课题，你就可以写好几篇论文了。

这年头，聪明人都忙着借鉴别人，只有心胸狭窄的人才忙着讨厌别人。

最近有一个大公司的律师给我非常深刻的印象。

她是一家软件巨头的律师，工作职责无非就是吓唬客户，让他们意识到要是盗版使用公司的软件就要被告到法庭上去。

整个沟通过程不得不说，非常闹心。我是买方，她是卖方，但她从头到尾沟通的语气就是："我是版权方，你务必给我小心点！"

开始时我真的很讨厌这件事。不就是卖个软件吗，她犯得着上纲上线，随时把客户像敌人一样看待吗？

但当我心里一万个不服气飞奔而过时，又不禁开始自我反省：难道她没有值得我学习的地方吗？这么一想，撇除两个公司的不同立场，我自己相比她来说，各方面都做得逊极了。

她为了争取最大销售额，细致地比较了我们发出的所有邮件数据差异，尽可能发现信息的"小漏洞"作为证据；她每天雷打不动，早晨就给我发微信，催促我们尽早下单，要是我忽略，她就一次次地发，这不是"锲而不舍"是什么；她还神通广大地找到了我们公司大老板的电话，竟然能够督促我们老板推进这件事；当我表示她说话的语气实在太硬了，这位善于自省的律师找了他们的公司商务对我软硬兼施，保证事情不掉链子。

整个过程中，她一丝不苟，不轻言放弃，发挥最大的能量去推进，哪怕只是为了多几万块钱的销售额。

从我自己的角度，自然是对这位合作方律师的死缠烂打讨厌极了。但是从职业经理人的角度看，她能够做到将公司的事情绝对当成自己的事情来办。

而我看到更深层次的优秀，是那家软件巨头的人才激励机制。一个巨无霸型的全球性公司，老板隔着大洋指挥着员工做事都能充分激发员工的潜能，管理体系可以说是相当成熟。

所以说，"讨厌"这种情绪是毫无价值的。你花时间去骂人，不如帅气地说："对不起，我没有时间讨厌你，还正忙着研究你呢。"

说起我最佩服的一个女强人，莫过于我之前的一个老板茉莉。

她从五百强企业跳到关系复杂的民营企业，时不时就被穿小鞋。尤其是她的一个下属，仗着跟老板关系好，特别喜欢越级汇报，总以为自己是茉莉的接班人，天天以打倒茉莉为己任。

这人不但不做事情，还动不动就给茉莉脸色看。换我是茉莉，真的是会对这种人一筹莫展并且恨之入骨。

但格局大的人就是不一样，茉莉提及这人的时候反而很轻松。她说别看这个人不干正事，但耍各种小伎俩，比如拉帮结派、笼络人心、讨好老板的功夫却是一流的。

不看别的，光看她如何让全部门最资深的那个阿姨深深喜欢就知道她本事有多大：逢年过节，作为阿姨的上司她一定给阿姨带最爱吃的土特产；她从来不让阿姨加班干活，隔三岔五就给阿姨的儿子买有用的课外书；最难得的是，她知道怎样找关键人物，阿姨是老板的亲戚，讨好阿姨就等于讨好老板。

茉莉一针见血地说："这个人不应该被安排在财务岗位，如果她的工作是销售，那么她一定会做得很出彩。"

我不得不暗自佩服茉莉宽广的心胸。那个被排错岗位的人的所有溜须拍马、不务正业的行为，换谁都会觉得不齿甚至是憎恨，茉莉却眼光独到地看到了她的闪光点。

事实上，两年之后，那个人自动离了职，还谋得了一份理财销售的工作，真的做得非常好。茉莉的预言得到了证实。

你看，真正牛的人就是既克制又犀利。你以为她要破口大骂的时刻，她反而笑着看到了本质。这样的人怎么可能会发展得不好呢？至少，他们总是能看出别人的优秀，而且永远不会被情绪牵着鼻子走。

有一句话说得好："有人的地方，就有江湖。"江湖中，我最经常听见的，是别人议论谁很假、谁很功利、谁情商低。但这个社会时时刻刻都有让我们讨厌的人和事，有时间去做讨厌、诅咒、对骂的行为，还不如先问问自己，人家依仗着什么能做到"功利"？你能不能复制？人家有什么资本能对你情商低？他对着同等地位和资源的人，敢不敢情商低？你是不是实在太玻璃心，心动不动就碎一地？

我很残酷地说，这是一个总是等价交换的世界。当你了不起了，自然看谁都顺眼。

奥斯卡·王尔德说："我们生活在阴沟里，依然有仰望星空的权利。"是的，有的人一生都在注视着脚下的泥沼，那当然是深陷其中，自怨自艾；有的人凡事只花时间找那颗最闪的星星，那自然一身光环，走路带风。

我们讨厌的人，也是一盏明灯，就看你怎么点燃那盏明灯。

分

共同需求——人脉资源的核心与本质

前不久，我从厦门坐飞机回来，坐上了一辆出租车。

司机师傅跟我闲聊，他说："你已经是今天我在机场接到的第五个客人了，还有五个我就达成今天的目标了。"

我惊了："五个，还有五个？那就是说你一天要跑十次机场？"

他呵呵一笑："是啊，我就是专门跑机场的，目标一天十次。其他司机能一天跑个三五百，我拼一点的话，能跑两千元。"

这激起了我强烈的好奇心。我听说过很多出租车司机的收入，有的说月赚三千元，有的说月赚七千元，有的甚至跟我哭诉赚的钱减去油费和上缴给车队的钱，连房子都租不起。

可这个司机师傅，我怎么算，他一年都能赚个四十万元了，这当中到底有什么窍门呢？

1. 专注是一种战略，一般人并不懂

"我之所以只跑机场线，是因为这条路线足够长，还不堵车。"郭师傅一句话就戳中了选择的要点。

他跟我提到，刚刚开始做这一行的时候，不懂路，不懂客，更不懂开出租车这一行的秘诀，每天就在大街上瞎逛，遇到一个客人是一个。后来，他终于懂了，开出租车，无非就是出租时间。

"你看啊……"他一边稳稳把着方向盘，一边有点得意地说，"我一天就开十二个小时，如果其中空载三个小时，堵车三个小时，我一天有效的赚钱时间只有六个小时了。这样就只剩下一半时间了，其他时间都是浪费的！"

明白这一点后，他就聪明了。别的司机，到了早高峰、晚高峰都在拼了命地抢单跑市区、跑写字楼。他呢，反其道而行，想方设法逃出市区这个堵车的"魔咒"，往机场跑。

果然，无论做哪一行，都要动脑子。不总结、不改进、不优化，你就活该待在末位！

如果这仅仅是一个"聪明师傅"的案例，也没什么特别的。我见过的聪明师傅太多了，脑子转得快、数字算得精的比比皆是，但是像他这样，完全专注在一条"机场线"上的师傅真的不多见。

我问："师傅，你每天面临的路线选择这么多，咋就只跑机场线呢？"

他带着行业大哥的口吻反问我："你知道，我们开出租车的都有哪三大要诀？"还没等我装一下无知"小白兔"，他就自问自答，"跑得快、跑得远、跑得专。"

"你看，前面有一段有坑洼的路，我早就知道了。"他自信满满地说，"你再看，前面红绿灯大概多少秒，该从哪条车道拐弯，甚至过收费站哪条道更快一点，我通通都熟悉。跑熟路，可以让我跑得更快，赚更多钱。省下来的时间用来休息，养精蓄锐。"

听完我更是对这个师傅肃然起敬，他在我心里不再是简单的会算账的人，更是一个具备"创业基因"的个体户。

之前我在看投资项目的时候，有的创业者想法一开始就非常宏大、非常多元，产品还没做出来呢，就往生态、圈子、矩阵去打。项目执行起来呢，他们更加是东打一炮、西打一枪。

我碰到过一个创业者，本来打算做游戏的，开发了半年做不出来；就跑去搞直播，开发了半年搞不出来；又改行搞互联网医疗……钱烧了一茬又一茬，就是没做成一件事。

这个时代，机会遍地，诱惑太多，反而更让人把握不住方向。

别忘了，专注才是通往成功的道路。这就像你只要想起超大卖场，就会想起沃尔玛，绝对不会想起屈臣氏；想起治秃头，就会想起霸王洗发水，而不会想起海飞丝；想起新中产生活方式，你会想起"一条"，而不会想起"老道消息"。

那些专注在一个方向上并做到极致的人，都在某一个单一领域内做成了标杆。

这些道理，连个出租车师傅都懂，反而是某些自以为聪明的人，在单方向都做不好，还垂涎别的领域，整天用夜以继日的瞎努力来感动自己。

这就是为什么赚得多的人愿意把更多的时间和精力花在定位上。

2. 资源不需要拍马屁，只需要满足"共同需求"

我听着听着有点奇怪了："师傅，你从机场回来一定能等到客人，但你又怎样保证拉的每一个客人都是要去机场的呢？"

他哈哈一笑："这你就不懂了，我可是有工具的哦！你看……"

我被眼前一个黑色的东西给晃花了眼，定睛一看，原来是一部对讲机。他在广州可以说是到处有"眼线"呢！

比如说，每一个酒店都会有很多去机场的客人。他老早就跟酒店的关键人物——门童，做好了经济工作和思想工作。

一旦有机场单子，门童就提前通知他们当中某个人。这时候，对讲机就隆重登场了，那个收单的人就会通过对讲机给兄弟发单，保证附近的师傅能第一时间接上活。在这件事里面，门童、收单的师傅、接单的师傅通通受益，所有的人都是被撬动的资源。

人际关系大师卡耐基有一句话特别经典："共同需求，是人脉资源的核心与本质。"

资源这个东西，表面看都是靠关系、靠送礼和拍马屁，实质上，还是靠"共同需求"去达成。聪明人，都会找到这个共同利益点，然后让大家都为之共同努力。

门童需要什么？他们需要权利寻租。就一个小小门童的权利也可以寻租，这是你想也想不到的。

收单师傅需要什么？他可能需要带头大哥式的一呼百应，也需要闲暇之余多赚点钱。

而接单的师傅，就是接我的出租车司机，需要的仅仅是每一单都是去机场的客人。

三者的利益无缝衔接，就这样被串到了一起。

我们平常人眼里根本不可能的"单单皆机场"，通过他们巧妙的资源串联，居然就被做到了。而现在，司机师傅对于哪个酒店机场客更多、哪个时点客人会集中出发、哪个门童更积极发单都了然于胸。可以说，他把机场这条线做到了极致。

我忽然想起刚出来工作的时候，一个对我影响至深的合伙人说过的一句话："这个世界上没有难做的事情，你之所以觉得难，是因为没有找到正确的方法。"

当你认为困难是理所当然的时候，只能说明你已经停止了思考。

3. 会赚钱不稀罕，稀罕的是懂得孵化壮大

本来到这里，我觉得司机师傅的事迹，已经足以写一部《出租车司机创业宝典》了，没想到，过了一会儿，对讲机响起来，对方说："××写字楼附近有白领要到机场，附近的兄弟谁抢单？"

厉害了，除了酒店门童这一条路，郭师傅他们还有一个严密的组织。这个组织差不多百人，覆盖面其实也不算小。谁要

是在某个地点附近发现了滴滴机场单，自己又不愿意去，就通过对讲机招呼这个组织里面的师傅。

如果有人要接，那个地点的师傅就会开另一个账号帮他把单接下来。这个小团体，定期会对这些单子进行分账，还有一个严密的衔接对接的办法，保证做到这群"的哥"的机场单子源源不断。

你看，这不就是加盟店的模式吗？

统一的团队，分散的军队，既各自经营，又中央分账。

结盟这件事，从古到今无处不在，却被一群出租车师傅如此专业地运用着。

本来他们彼此之间是竞争的关系，经过这样团队化之后，竟然变成了互助的关系。

一个人赚钱就是赚小钱，一群人赚钱才能使利益滚动变大。

这帮师傅，不仅懂得跨行业笼络资源，还能本行业孵化矩阵，难怪郭师傅一个月能赚新司机的三五倍收入。

毕竟，任何一个人的能量都是有限的，只有联盟，只有孵化，才能让资源得到盘活和传承。

4.思维的格局，利益的洞见

和郭师傅道别之后，我陷入了沉思。

　　其实，他所悟透并且实践的，也不是什么高深的道理，甚至在职场中可以说是公开的秘密。只是，我们平常接触到的更多普通人，都是在遇到困难的时候抱怨条件，抱怨市场，抱怨出身。

　　对比这些有头脑的师傅，他们有什么可抱怨的呢？

　　论条件，出租车师傅的团队，既没有百万级融资给他们烧钱探索，也没有创业大师给他们指路，这些解决问题的办法都是他们自己摸索出来的。

　　论市场，自从网约车出现之后，出租车是越来越难做了，拒载、挑活儿、拼手速也渐渐难敌高涨的成本和竞争的大潮。论出身，出租车师傅基本上生活在社会底层，而且大部分人文化一般，才做了这一行。

　　这个最普通的行当里，依然有高手能做到月入过万，依然有小白租完房子还不够钱吃饭。

　　他们之间的区别，不是勤奋，不是理想。

　　其更多的，是思维的格局、利益的洞见和执行的魄力。

　　精明和愚蠢，从来都需要时间去证明。

　　现实，更多的时候像个刻薄的婆娘。

　　她用时光，杀死那些无病呻吟的所谓梦想；也用时光，把肯动脑又肯实干的人，送到了彼岸。

FINANCIAL INTELLIGENCE

财商养成 第五步

从营销案例中
学理财

新瓶装旧酒：寻求营销新形势

　　我经常会路过一家特别多人排队的鸡蛋摊饼店。

　　大概3平方米的小店门口，往往排着十几个项背相望的人，把小店门口围得水泄不通。和旁边卖水果切的、卖衣服的、卖牛排的冷清比起来，这家店真的是热闹得可以。

　　我每次路过都在琢磨，门面这么小，摊饼那么普通，到底为什么这间小店生意能这么好？

　　直到某天，我忍不住了，驻足停下来买了个饼，才真切感受到了小生意用心的魅力——摊饼是现做的，热气腾腾真的很可口；鸡蛋是顾客真真切切地看着店员打进去的，吃着感觉很安心。

摊饼店要扫二维码关注公众号下单，吃饼的客户都成了高大上的公众号粉丝；装摊饼的那个纸盒子，贴心地沿着边缘开好了手撕的缝隙，你吃一口，撕开一点，再吃一口，再撕一点，整个过程干净卫生。

我问老板："你家怎么总是这么多人排队呢？"

他手忙脚乱之中的严肃表情突然松弛了一下，带着有点儿骄傲的表情说："嘿，还有啥，香呗！"

我举目望了一下周围，卖牛排的，香气用小隔间围起来了；卖水果切的，精致有余，吸引力不足；卖衣服的，橱窗里站着的模特千篇一律……只有这家小店，敞开式摊饼，鸡蛋夹杂着小麦浆嗞嗞地冒着热气，远远地就能闻到扑面而来的浓香。

我想起了自己读书的时候，鸡蛋摊饼根本不是什么新鲜玩意儿。那些校门口的饼摊儿也是靠着一样的小伎俩，用顺风而下的香气，远远地把我们这些饿鬼吸引到了摊前。

甚至我记得，当时还有个摊主跟我探讨过"每个饼应该摊几分钟学生们才容易上门"的问题。但是，现在校门口小摊的老板，还是个随时可能被城管抓走的个体户，但包装得妥妥帖帖的摊饼品牌已经登堂入室。

看那个生意火爆的样子，老板年入200万元绝对不是问题，再开几个分店，千万级销售就在眼前。

网上有一句话说得特别有道理："没有疲软的市场，只有疲软的产品。"新瓶装旧酒不代表一定不行，再老的酒都会有人买单。问题不在酒，而在于你能不能找到新颖独特、触动人心的瓶。

我之所以谈起这个鸡蛋摊饼的事，是因为近来总是听到一些悲观的言论。

我和朋友谈起未来，似乎只剩下中美贸易战和跌到底的A股；谈起创业，都是BAT和TMD（T指今日头条、M指美团、D是滴滴）占满江湖，气吞山河的事业已经无从做起。然而，最会做生意的潮商当中有一句盛传的话："司空见惯当中最多商机。"

这不，你们可能都没想到，网红张大奕也做到赴美上市了。张大奕可以说是把"网红"这个名字，改写成"企业家"的第一人。

我翻看她以前的微博，在2014年以前，她还是个小小的网络模特，在微博上分享一些小女孩的变美心得。她当模特当了七八年，微博依然点赞不过几十，转发不过两百。

直到2014年，她遇到了在品牌没落困扰中的如涵CEO冯敏，一个想变现，一个要流量，两人一拍即合。于是两个人合作开了淘宝店。

2014年那会儿，做女装不创新，做网红不创新，但是拿网红直播来卖服装是相当前卫的。

当时淘宝直播还没出生，虎牙直播尚在襁褓，做了一年，如涵就拿了整个淘宝的销量冠军。

直到2017年，"双十一"一天的直播，张大奕就取得了1.7亿的收入。

你可以说她靠的是运气，但是那么多平凡的女孩，为什么运气偏偏砸在一个叫张大奕的女孩头上？只能说，她最大的运气是，在人人都看不起卖女装和当网红的那一刻，选择了当网红并且卖女装。

所以说，现在很多人绞尽脑汁找商机，做什么都说错过了红利期。其实，"又红又专"的项目可能抢跑者众多，反而用老产品换个新形式，可能是一张更为别致的答卷。

也许你蒙了，该怎样找到这个所谓的"新形式"呢？

很简单，从身边的小事入手，从经常接触的数据入手，总能嗅到点钱的味道。

之前我认真读了《2018年前三季度居民收入和消费支出情

况》，触动还是挺大的。3个季度，全国人民的人均收入21035元，比2017年增长了8.8%。但是人均消费14281元，比前一年增长了8.5%，扣除价格因素，实际增长6.3%。

| 2017年前三季度 | 2018年前三季度 |

中位数绝对水平（元）　　■ 平均数绝对水平（元）
中位数增长率（%）　　■ 平均数增长率（%）

说好的消费降级呢？我悄悄按一下计算器，每个月大家伙儿只存下了32%。难怪网上有一句话那么火：1万月薪存3000，刚够全国平均线。

那钱都花到哪儿去了？

统计结果中有一个数据吓到我了：人均家政服务支出增长38.7%，居第一位。也就是说，钱都去家政公司和阿姨手里了。

这我一点都不奇怪，月嫂的价格比股票坚挺多了，工资从8000元到10000元，再到金牌月嫂的20000元，一路就像在坐直升飞机。

所以这些年，把阿姨搬上网的App（应用程序，外语全称：Application）也此起彼伏：有的App擅长把阿姨们分类，让优质的阿姨身价更贵；有的擅长优化流程，甚至双方都不用见面，直接视频通话就网上签约了。

然而，有个大叔就独辟蹊径了。他不做阿姨的经纪人，老老实实做阿姨其中一个工作的外包商——洗衣服。

洗着洗着，他业务越做越大，还拿到了腾讯的天使投资，现在预计年收入已经达到50亿，妥妥的O2O[1]传奇。

在众多贩卖家政服务的互联网商家中，估计没几个想到用单一动作来做外包的。毕竟大部分人的思路还停留在把传统街头小店搬上网的套路当中。

在大部分人麻利表演全套动作的时候，做简单重复的单一动作就是一种新形式。老实说，比起"大而全"，"小而精"更容易成为落地执行的着眼点。

我常常听到一句话："选择比努力更重要。"在我看来，这是一句正确的废话。目之所及的情况是，一旦有了选择，更

1　O2O：即Online线上网店Offline线下消费。

多人反而不知所措。

尤其是在赚钱这件事上，很多人挑基金左右为难，选股票一筹莫展，找新的事业方向更是夜不能寐、犹豫不决。

这当中，很可能是因为我们"想多了"，事业还没开始就想做得惊天地泣鬼神，基金还没开始投资就想着翻三倍躺着赚。如果我们目标稍微定低一点，在浮躁的现实中，找务实的落脚点，也许每一步都能踏得更安心。

也许，你会瞧不起身边类似婚介、搓澡、剪头发这样的小行当。但是我可以给你数一数，现在新三板上市的公司里面，当媒婆的有百合网，搓澡堂的有真爱股份，专门理发的有东田时尚。看看它们的业绩，营收都在千万甚至上亿。

一份小事业，也许你司空见惯，但是爱因斯坦早就说了："创新的秘密在于，知道如何把你的智谋藏而不露。"

不想被时代抛弃，我们不是一定要从事AI（人工智能[1]）、

1　人工智能：英语为Artificial Intelligence，缩写为AI。亦称智械、机器智能，指由人制造出来的机器所表现出来的智能。通常人工智能是指通过普通计算机程序来呈现人类智能的技术。该词也指出研究这样的智能系统是否能够实现，以及如何实现。

大数据[1]、区块链[2]、物联网[3]……更多的时候，需要对如何跑在一条总让人耳目一新、不断优化客户体验的小道上有足够的思考。

1　大数据：英语为big data，mega data，中文或称巨型资料，指的是需要新处理模式才能具有更强的决策力、洞察力和流程优化能力的海量、高增长率和多样化的信息资产。在维克托·迈尔-舍恩伯格及肯尼斯·库克耶编写的《大数据时代》中，大数据指不用随机分析法(抽样调查)这样的捷径，而采用所有数据进行分析处理。

2　区块链：是分布式数据存储、点对点传输、共识机制、加密算法等计算机技术的新型应用模式。区块链（Blockchain）是比特币的一个重要概念，本质上是一个去中心化的数据库，同时作为比特币的底层技术，是一串使用密码学方法相关联产生的数据块，每一个数据块中包含了一批次比特币网络交易的信息，用于验证其信息的有效性（防伪）和生成下一个区块。

3　物联网：是物物相连的互联网。这有两层意思：其一，物联网的核心和基础仍然是互联网，是在互联网基础上的延伸和扩展的网络；其二，其用户端延伸和扩展到了任何物品与物品之间，进行信息交换和通信，也就是物物相息。

"摇钱"守则：从成功案例中汲取经验

作为一个自媒体"加班狗"，我每天晚上都要赶在超市关门之前跑去买菜，好准备第二天的午饭。

在去过的众多超市和菜市场中，我最佩服的是"钱大妈"这家店。

某一次下班路过他家，我看到一堆大爷大妈在店门口排队付账。我当时很吃惊，到底是什么样的店铺，能够大晚上吸引一群大爷大妈排队买菜？要知道，他们可是天天和菜贩打交道的高手啊，在中国，你可以不"扶墙"，但是不能不服大爷大妈，他们是最精打细算的人。

好奇心驱使着我走了进去，一看价格，晚上七点开始打九折，之后每半个小时就降低一折。

晚上9点多，店里的菜基本上就已经卖完了。

我环顾四周，看见店里只有一盒肉末、两根黄瓜。我还在犹豫，大方的店员小哥递给我那盒肉末说："我们不卖隔夜的，送给你！"

我听到店员这么说，嘴张大成"O"形，直到出了店门都没合上。从此以后，我买菜没再去过其他地方，每天下班就加入和大爷大妈抢着买菜的队伍当中——不为买菜，就为了观察这店到底厉害在哪儿。

1. 饥饿营销：让客户自己排起队来

说实话，我第一次看"钱大妈"的牌子，心里就一个字：俗。

倒是商铺门口的小喇叭喊得很响亮："钱大妈，不卖隔夜肉。"宣传语短小精悍，我一下子就记住了。

但是这并不是我走进去购买商品的理由，真正引发我购买冲动的是它的"饥饿营销"：晚上7点以后开始打折，每隔半小时再降低1折，直到免费送。

晚上这个时间段，正是大家吃完晚饭出来散步、遛狗的大好时机，也是我们这些"加班狗"下班的时段。

往往我下班的时候，菜市场早关门了，想在超市买点蔬菜，菜也不新鲜了，排队的人也多。

这个时候，"钱大妈"拯救了我。

邻居阿姨告诉我，她是妥妥地掐着表看准时间点，七点半过去拼一个八折优惠。

对，你没听错，阿姨提前半个小时到菜场，抢好菜篮子，把该揽入怀中的都收妥了，然后施施然从七点四十五分开始，在"钱大妈"门口排起队来，准备付钱。

顾客自发排起的长队，不就是一个无形的广告吗？远亲近邻看到了都会来凑个热闹。

所以，越来越多消费降级的人（包括我），宁愿和大家伙儿挤着抢着，也要把这些"看起来很便宜的菜"都带回家！

然而，我仔细算了一下，就算是七折，其实这里的价格也和菜市场的差不多。这就是"饥饿营销"的效应，消费者在内心的驱动下愉快地中招。

我突然想到了一个实验。

1975年，社会心理学家斯蒂芬·沃切尔和同事做了一个实验：他们从罐子里拿出一块巧克力小甜饼，分给参与者们品尝和评价。

其中，一半人面前的罐子里有十块小甜饼；另一半人面前的罐子里只有两块小甜饼。哪一组的人会觉得巧克力小甜饼更好吃呢？答案是罐子里只有两块小甜饼的那组，因为"物以稀为贵"。

看到罐子里只有两块小甜饼的参与者们，品尝后给出了更高的评价。供应量少的小甜饼让人吃了以后更想吃，也显得更珍贵。

我们都知道，小米手机是使用"饥饿营销"手段最成功的国产手机。顾客首先要领资格券，还要预约，最后还要限量购买。

机会越少，价值就越高，吸引力就越大，人们的购买力就越强，这就是"钱大妈"用得相当称手的"饥饿营销"手段。

2. 最极致的服务：不过是把客户当朋友一样

继续说我家附近的这家"钱大妈"，他们还有一招很厉害，就是不仅加客户微信，还有专门的用户微信群。

每次客户需要买什么，提前一天直接在群里留言，店员就会根据用户的要求选好商品，按照姓名和日期备注，并给用户留着，等着他们来拿。

有人说："我没带钱、没带手机怎么办？"没关系，店员可以先帮忙垫付，回去直接在微信群还钱就好。

有人说："我自己订的菜，但是工作太忙忘了拿怎么办？"没关系，店员会提醒你拿的，你不用担心。

他们是真的把客户当成朋友了。

所以，如果说"饥饿营销"促进了销量增长，那么贴心的人文服务，真正留住了用户的心。

我想起了几乎不打广告的海底捞，从默默无闻的"小透明"到现在全国几百家分店，它做得最好的就是服务：等叫号的时候有各种小吃，前台可以帮你做美甲，一个人吃火锅的时候对面会放一只熊陪伴，无聊的时候有服务员讲笑话解闷……我想，他们能做的，就差亲自喂你吃牛肚了。

消费者去海底捞吃的不仅是火锅，还有那一份对服务的期盼。

心理学里有一个现象叫作"互惠效应"。

它说的就是我们这些品行端正又道德感强的"老实人"，接受了别人好处时，在内心深处会不由自主地萌生出一种亏欠感，最终不得不屡次掏出钱包。很多时候，所谓"回头客"，靠的就是这种情感联系。

毕竟天赋是少数人的，套路是所有人的，只有"感动"是属于你和客户之间的。

3. "营销"二字，本质上只是锦上添花

如果说质量是"0"，那么饥饿效应和人性化服务就是"1"。没有"0"就没有"1"。

从"0"走到"1"的生意，必须首先在质量上下足功夫。

乔布斯曾经讲过一个有趣的见解："日本人从来不宣扬自己产品的质量，但是美国人特别喜欢标榜自己产品的质量。但是在马路边，你拦住一个路人问，日本生产的东西质量好还是美国的好？大部分的人会说，日本。本质的原因是，消费者从来都不通过广告来判断一个产品的质量。"

是的，在大部分消费者心目中，你得了"戴明奖"或者"布德里奇质量奖"都跟他们没什么关系。一个正常人，往往是用对产品和服务的感受来判断产品质量的。

就像"钱大妈"这样的生鲜社区店，如果菜品不好，给再多的折扣大家也不会排队买。

"营销"二字本质上还是锦上添花，而底层的"锦"，

就是产品质量。所以，现在如果有人问我：为什么写公众号不涨粉？为什么理财不能赚钱？为什么做十年还是一个小基层？我都会说，作为一个"产品"，你要先检查自己的质量是不是过关。

我相信人生99%的失败，大都缘于才不配位；99%失败的生意，大都因为错判了产品本身。

行动力+执行力+精准的营销定位=赚钱

典型新中产璐姐连珠炮似的在微信里给我发了一段话："都说奶茶店火爆、稳赚，我投了一家，做了三个月，结果亏惨了……怎么办？有没有救？"

我的头顶轻轻飘过七个字："你们中产真有钱。"

当广大人民群众还在关心第一套房的首付问题时，第一批新中产已经不满足于喝奶茶，而是干脆自己开奶茶店了。

我问她："一个月亏多少钱？怎么亏的？"

她飞速发来一个表格给我看：收入5万元，也不算差；毛利贼高，一杯几乎赚8倍成本……但是我再瞅一眼，心塞，房租就花掉4万元，再加上人工、装修这些费用，整个报表数据惨不忍睹。这奶茶店明摆着是准备给房东大人打工。

我回复她："我家附近恰好有一家奶茶店生意挺火的，你要不先听听赚钱的人怎么做的？"我几乎可以透过屏幕看到对面的她，捣蒜一样点头。

1. 你的思维方式，决定了你赚多少钱

我家附近那家小店可厉害了，开在了一家人气超旺、还有大型电影院的大商场……的对面马路边。

每天，那个90后老板经历的事情就是，看着对面马路人来人往，连卖矿泉水的书报亭生意都比他好，自己却只能闲得在马路这边拍苍蝇。

我第一次经过他的店铺，买了一杯奶茶，他很苦恼地跟我吐槽："生意太惨了，没救了，我准备关门大吉了。"

我笑了："这边铺租肯定便宜，你把马路对面的人吸引过来不就成了？"

他悻悻地垂着头，手里机械地操作着机器："引不过来的，那么远……"

"能有多远啊？"我喝了一口奶茶，味道还不错，"送你

一句话，过路客无所谓忠诚，只是背叛的诱惑不够。"

我这句无心的话，还真引起了90后小老板的深思。因为不久之后，我就在自家小区门口看到了他奶茶店的传单，上面赫然写着："看电影，送奶茶——凭当日电影票，奶茶买一送一。"

90后小老板估计都想透了，看电影这件事，一般都是情侣做，买一送一就正好一人一杯。

其实，就算送一杯奶茶，他成本真的多不了几毛钱，但客流量就哗哗哗上升了。

好几次，我路过他的店，竟然看到门口还排起了长长的队，每个年轻人手里都拿着电影票……看来，诱惑的砝码给够了，让顾客过个马路简直就不是事。

自媒体作家黄河清曾经说过一句话，我无比认同："智商高不是聪明，真正的聪明是成型的思考和决策模式。"

我换句大白话说：你的思维方式，决定了你赚多少钱。

2. 没有行动力，百万奖券也兑现不了奖励

不久之后，90后小老板就主动给我发微信。他问我能不能教他做公众号，想把过路客转化成自己的忠实客户。

我很简洁地回复他"不能"，然后甩手给他发了一个新媒体

训练营的链接："自己学吧，核心竞争力要把握在自己手上。"

他给我发了个"遵旨"的表情，看得出这个小哥的生意一定是得到了巨大的改观。当初第一次见面时他愁眉苦脸的状态早就烟消云散，取而代之的是一种"不焦虑、不妥协、不退让"的死磕精神。

大概是一个月之后，我在美团看到了他家的店；之后没多久，他的奶茶店在饿了么也上线了。而更让我惊喜的是，送来的奶茶，杯子也从当初那个千篇一律的透明塑料杯，换成了一个有质感的纸杯，上面印着四个大大的字：扫码下单。

他传说中的公众号已经做好了，还极速找了专业公司搭建了下单系统，直接就实现了在公众号里面下单的功能，还能时不时推送优惠活动。

这个年轻人的执行力真的是惊人，我有多大的想象力，也无法把他和当初那个苦着脸跟我说准备关门大吉的大男孩联系在一起。

我跑到他店里问："你现在销售量有提高一倍吗？"

他喜滋滋地说："是3倍了！你看，我把店里面的灯换成LED灯，还多装了5盏射灯在门口，格调立马出来了，有的人去对面看电影都不用我招呼，直接就被吸引过来了。"

我环顾一周，看着亮堂了两倍的店铺，想起罗振宇的一句话："行动力比思考力重要。"你不开始行动，就会寸步不前，甚至压根儿不知道该思考什么。

3. 实践就是对你最好的培训

我想起这么多年来，面试中经常会被应聘者问到一个问题："公司会不会给我提供培训呢？"

老实说，我不知道这个老掉牙的问题，是不是早已在网上被奉为面试圭臬。这种问题你问问世界五百强企业的HR，走走最后的流程也许还算凑合，但问我们这些中小企业的老板，我们只能很理智也很现实地回答："实践就是对你最好的培训。"

只有动手做起来，路才能摸出来。

一个人的梦想和幻想之间最大的区别是，梦想是脚踏实地有路可循，幻想是天马行空不着边际。

聊了那么多，我问璐姐："你看，我上面说了那么多，那个小哥扭亏为盈的关键是什么？"

她装糊涂地问："是什么？"

"哈哈……"我狡黠一笑，"是那一句'我喝了一口奶茶，味道还不错'。"

璐姐蒙了，想了一下才回过神来："对啊！产品才是第一位的。"

"其实要解决你的奶茶店的问题，核心是想办法扩大销售，覆盖掉租金、人工等成本之后就是稳赚了。"我告诉她，"你投资奶茶铺，和投资股票是一样的，哪有什么一劳永逸，必须要花心思打理。"

璐姐连忙回去开展她的拯救店铺大计，而我也陷入了沉思：人都是有惰性的。我们无论投资也好，开铺也好，都希望一劳永逸，最好能躺着数钱。但在遇到亏损和困难的时候，我们又总是悲观绝望，希望赶紧甩开这个包袱。这样的思维，最终的结果是，让老旧的玩法，变得理所当然；让错误的奔忙，反而变成励志典范。

我曾经听过一个最极端的例子。一个微商把燕窝的广告天天刷屏发在一个80％是男性的朋友圈里，还垂头丧气地以为，自己已经那么那么努力了，怎么没有一丁点儿的回报。说到底，这都是在为自己战略上的懒惰找借口。

网上有一句英文鸡汤，说得特别对，送给那个可能在经营中感觉走投无路的你："A pessimist sees the difficulty in every opportunity; an optimist sees the opportunity in every difficulty.（悲观主义者在每个机会里看到困难，乐观主义者在每个困难里看到机会。）"

附录 十条好用的赚钱心得

我最近在知乎上看到一个提问：有哪些时候你觉得赚钱如此容易？

多少人吭哧吭哧写了几百上千字，图文并茂，都不如最高赞回答的六个字："刷知乎的时候。"看来很多人跟我一样，觉得赚钱"看着容易，实质太难"。

每天看着"白富美"踩着Jimmy Choo、穿着Chanel、挎着LV，为啥你自己就踩着特步、穿着优衣库、挤着地铁，手里还要攥紧了快被挤扁的早餐呢？

其实，赚钱这件事情对每个人来说难度不一，但是不可否认的是，能赚钱的人一定都掌握了某些诀窍。

最近我听了一个非常励志的银行客户经理的故事。

银行的各项KPI多如牛毛，大部分客户经理只会慨叹那是"要命的节奏"。但是这个客户经理不一样，她第一时间就研读各项指标的权重，分析到底哪些高权重指标最容易做到第一名。研究明白了，她就拼尽全力争取把那个指标做到全广州市第一。

她没有像大多数客户经理那样吭哧吭哧地干，轻轻松松就成为了支行里面的明星。行长爱她爱得不得了，因为她是某个指标的标兵人物，奖金一定要多多地发。

就这样，她根本就不需要付出120％的时间去和指标战斗，只要付出80％的努力做最重要的事情，就能轻松挤入支行里奖金最高的行列。

你看，赚钱这件事无非就是三个字：抓重点。你以为别人表面的轻松赚钱，可能是人家背后千锤百炼的思考沉淀。

最近我看到简七送我的《好好赚钱》这本书里的一句话："99％的人，都想过1％的人生——把拥有某个数字当成财务自由。然而，真正的自由，是拥有对金钱的把控力。"

这句话简直戳心到想哭，这辈子我们不是不够努力，只不过是不够聪明。

《好好赚钱》这本书总结了无数条赚钱心得，我摘选了10条特别值得分享给大家的，值得大家空闲的时候认真背诵100遍。

1. 把一个数字作为赚钱的目标，那叫作"刻舟求剑"

胡润曾经发布了一个财务自由的门槛：财务自由标准在一线城市是2.9亿元，二线城市是1.7亿元。

估计看到这组数据，哪怕是每年赚个几百上千万的小老板，也会感觉被这些数字压迫得像个穷光蛋。

但这是很多人的现状：一生都在勤勤恳恳地工作，用省吃俭用、奋力奔跑来追赶房价。他们折腾了一辈子，终于等人老了，钱剩下了，但也只能在人生的尾巴给自己加个"财务自由"的标签。

然而，这样的活法"自由"吗？明显不。

简七分享了一个财务自由的公式：

财务自由=被动收入／日常开支×100％

当这自由度的数字超过15％，你就觉得生活有了底气；当超过了100%，恭喜你，这就是你的财务自由。

你不用耗尽生命去追求一个绝对值，用所谓"自由"禁锢自己一辈子。

2. 富人思维：先考虑目标，再寻找资源

如果你想买房子，走了一圈看看房价，发现买不起，你会怎么样？

大部分人会选择放弃，一部分人会选择观望，而可能最后只有1%的人会选择还是要买。而现实中，这1%就是我们身边的富人。

富人思维最大的特点就是目标导向。在买房这件事上，他们的脑回路是这样的：现在是不是买房的时机？我应该买怎样的房？我最低要多少钱？我还差多少？我如何解决？解决过程会有意外，plan B（原来计划搁浅后的备选方案）是什么？……

看到了吗，富人思维等于目标导向，穷人思维等于量入为出。

穷人只会考虑"买不买得起"，富人只考虑"该不该买"。

3. 冲动消费就是变穷的元凶

告诉你一个很可怕的事实，有营销专家在分析了几百万

条针对我们大脑的核磁共振成像数据之后，有了一个惊人的发现——

当别人向我们推荐一样东西时，我们大脑中那个负责理性的区域就瞬间关闭了，而负责情感的那一个区域会产生剧烈的活动。比如说有个朋友给你推荐一个牌子的口红，你会想象自己涂上口红的样子；如果一个朋友推荐你买一瓶新饮料，你会很自然地产生一种口渴的感觉，并且强烈希望马上买一瓶试试看。

这说明了什么呢？这说明"冲动消费"这个魔鬼真的存在。

我们不妨想想看，自己平时被所谓"朋友推荐"的坑陷害过多少遍？每次朋友一推荐产品，你立马就冲动购买了，甚至想都没想过自己到底是不是需要。现在这种事情已经有了一个非常新潮的叫法，叫作"种草"。

而一个会赚钱、会理财的人，首先会判断一笔钱花费得值不值得。

抵制冲动消费，才能存下我们用以投资的本金，否则，你只能一辈子当"月光族"。这只怪你没有控制住自己的欲望。

4. 富人的钱不是省出来的

有一个泰国的广告，主角是个小男孩，想买一个2500泰铢的天文望远镜。他天天只吃咸蛋、白饭，好不容易省吃俭用存够了2500泰铢。但当他激动地跑到商店，结局却猝不及防——画面中突然伸出一只手，把2500泰铢的价签，改为了 3500泰铢……

这就是残酷的世界，货币贬值每天侵蚀着我们的财富，我们却不知不觉。但区别是，穷人永远在用节省的方式对待财富；富人同样会省钱，但是他会把钱省出来，然后投到对抗通货膨胀和自我增值的方方面面。

5. 10/50 法则

"躺赚"有三个重要因子：本金、利率、时间。我们就是要让这三驾马车交错作用，互相扶持，才能经过时间的发酵，把你送上"想干就干，想不干就不干"的自由之路。

但是本金从哪里来？这里给工薪阶层的你介绍一个10/50法则：每月从10％工资开始储蓄，一般并不影响你的生活质量；如果有奖金、加薪、意外收获，用其中的50％来储蓄投资，另外50％犒劳自己。

很多人以为，好好工作就是赚钱。实质上，工资高不等于赚到钱。年薪百万的"白骨精"，也可能被几十个名牌包包或者几十个孩子的培训班彻底毁掉。

利用上面的10/50法则，那些花钱不眨眼的人就可以轻松踏出赚钱第一步：存下本金。

6. 为"风险"付费，是赚钱的第一步

前面那个银行客户经理的故事告诉我们，要做对一件事情必须抓重点。在赚钱这件事上，重点是什么？重点是你可能想不到的两个字：风险。

所有钱赚回来都是有代价的。就像一路高歌的比特币价格让多少人一夜暴富，同样也能让多少人一夜赔光。

中国人善于给商品定价，却极少有人知道风险也有价。事实上，所有命运的馈赠，早就暗中标好了价码。这个馈赠就是拿到高回报的机会，这个价码就是你要承受的风险。

上文那个客户经理，万一赌错了，权重大的指标做不到全市第一，那她所有指标就会业绩平平，也只能拿很少的年终奖。在这里，她一定是掂量过自己能不能承受这个失败的风险。

关于赚钱这件事，我们的思考顺序都应该是这样：先想失去，再想得到。如果那个失去你无法承受，那就别干了。

7. 80%的努力放在20%的关键时刻

我相信大家都有过这样的经历：买银行理财产品，客户经理一推荐，你脑袋一热就买了。但买完之后，你很可能完全不知道自己买了什么，合同没看过，投资产品说明书没有

瞄过。

　　几个月之后，突然听说某大型银行的10亿理财产品都不能兑付了，你登时心慌意乱，但又不能吃后悔药，最终只能默默观望，但愿它不要出事。就像结婚前找对象必须高标准严要求，结婚后只能睁只眼闭只眼，你选的投资产品也是一样的，买之前的时刻才是最关键的时候。该看的合同要认真看，风险指标要查清楚，最后再做决定。

　　80%的努力，应该放在最关键的20%的节点上。你只有把重点放在"选择"上，选择才不会辜负你。

8. 心态，是扼住命运咽喉的手

　　最近几年，最热的投资品可以说是区块链和比特币了。

　　我有一个朋友，投了10万元购买比特币，赚了200万，兴奋得手舞足蹈。他后来索性把工作也辞了，全心全意做比特币。

　　但之后因为比特币的价格急转直下，他眼看着200万的资产缩水到几十万心急如焚，卖币舍不得比特币，不卖币舍不得人民币。这就是典型的贪婪加恐惧双管齐下的心态。

　　你要赚钱，首先要杜绝追涨杀跌，要杜绝追涨杀跌首先要克服贪婪和恐惧的心态。无论何时，赚钱千般好，但看平常心。

9. 没有"被动收入"，就没有说"不"的能力

我记得刚刚入职的第一份工作所在的公司，有一个让人极度不舒服的公司文化：哪怕你饿得半死，不能自己离开去吃饭；哪怕你工作做完，不能自己提前下班。

老板基本上很滑稽地默认：提前走或者自己去吃饭的人就是绩效差。

有一天晚上，我旁边的女生忍不住了，拍案而起，决意离职。看着她潇洒的背影，我非常羡慕，谁没有个想拍桌子脱口而出"老子不伺候了"的一刹那？

可是她家境殷实，而我呢？"炒了"老板就只能喝西北风。所以，从此以后我就决定：一定要赚足够的钱，让它们产生足够的"被动收入"，才可能有对世界说不的能力。

有了"被动收入"，一个人才可以不需要出卖时间讨生活，才能在交出辞职信时一点都不担心。

用钱赚钱，是比"用时间赚钱""用资源赚钱"更容易掌握的方法论，是一个有科学依据的世界。它值得贯穿你的一生。

10. 最重要的在最后：不懂，不投

你一定要记住：赚钱是一件有代价的事情。代价可能是你

的时间、情感、心血、资源、金钱。

任何被吹得天花乱坠的大事业，如果你不熟悉，看不清楚，想不透彻，接触了一段时间后也没办法弄明白，请你谨慎投入。

投资这件事，一定不要自以为是，不懂就不要投，才是对自己负责。